○ 全民阅读 • 经典小丛书 ○

智慧书

[西]葛拉西安⊙著　冯慧娟⊙编

吉林出版集团股份有限公司

版权所有　侵权必究

图书在版编目（CIP）数据

智慧书 /（西）葛拉西安著；冯慧娟编. —长春：吉林出版集团股份有限公司，2015.6（2025.5重印）

（全民阅读. 经典小丛书）

ISBN 978-7-5534-7793-0

Ⅰ.①智… Ⅱ.①葛… ②冯… Ⅲ.①人生哲学 – 通俗读物 Ⅳ.①B821-49

中国版本图书馆 CIP 数据核字 (2015) 第 128463 号

ZHIHUI SHU

智慧书

［西］葛拉西安　著　冯慧娟　编

出版策划：崔文辉
选题策划：冯子龙
责任编辑：刘　洋
排　　版：新华智品
出　　版：吉林出版集团股份有限公司
　　　　　（长春市福祉大路 5788 号，邮政编码：130118）
发　　行：吉林出版集团译文图书经营有限公司
　　　　　（http://shop34896900.taobao.com）
电　　话：总编办 0431-81629909　　营销部 0431-81629880 / 81629881
印　　刷：北京一鑫印务有限责任公司
开　　本：640mm×940mm 1/16
印　　张：10
字　　数：130 千字
版　　次：2015 年 10 月第 1 版
印　　次：2025 年 5 月第 4 次印刷
书　　号：ISBN 978-7-5534-7793-0
定　　价：45.00 元

印装错误请与承印厂联系　电话：010-61424266

这样的书,仅仅读一遍显然是不够的,它是一本随时都能用上的书,简言之,它是一位终身伴侣。

——叔本华

在欧洲,有这样一本书,它深受人们的推崇,被称为人类思想史上具有永恒价值的三大智慧奇书之一(另两本是《君主论》和《孙子兵法》)。德国大哲学家叔本华曾将此书译成德文,并盛赞此书是"绝对的独一无二",是一位"终身伴侣"。这本书,就是西班牙作家巴尔塔沙·葛拉西安的《智慧书》。

巴尔塔沙·葛拉西安(1601—1658),17世纪西班牙作家、哲学家、思想家、耶稣会教士。1619年,他进入耶稣会修行,此后历任军中神父、告解神父、教授等职。他虽没有担任过重要公职,却常与政界人物来往,这些经历后来成为他写作的灵感来源。其代表作有《批评大师》《政治家》《论英雄》《智慧书》等。

《智慧书》作于1647年,是巴尔塔沙·葛拉西安的巅峰之作。书中,作者用他仿佛洞察一切的目光,以一种看透世事人情的冷峻态度,提出了关于人生奋斗与成功的真知灼见,为读者提供了战胜困难、排除烦恼、解决问题的种种锦囊妙策。

与其他处世智慧书或长篇大论或以故事说理不同的是,《智慧书》以格言警句的形式将276则处世智慧汇集成册呈现给读者。这些人生箴言，或许可以使你获得克服逆境的勇气和智慧；或许可以增强你对生活的感悟，使你更好地把握生活的本质。这是一本不可不读的书，它为你而写，为每个人而写。或许，这本书也会成为你的"终身伴侣"，让你受益匪浅。

目录

格言1~20 …………………… 〇〇七

格言21~40 ………………… 〇一七

格言41~60 ………………… 〇二七

格言61~80 ………………… 〇三七

格言81~100 ………………… 〇四九

格言101~120 ……………… 〇五七

格言121~140 ……………… 〇六九

格言141~160 ……………… 〇八一

格言161~180 ……………… 〇九三

格言181~200 ……………… 一〇三

格言201~220 ……………… 一一三

格言221~238	一二五
格言239~256	一三五
格言257~276	一四五

格言1~20

1.万物已趋完美

虽然人世万物皆已接近至善至美，但只有做一名真正具备极高道德的完人，才可称作是世间至美之事。如今想要造就一个完人，远不如古希腊时造就希腊七贤容易。在当今社会，有时候单独对付一个人比过去对付一个民族还要耗费精力。

2.人发挥其天赋的两个重要支柱就是品性和智慧

凡是想要使自己的天赋得以充分发挥的人，必须具备良好品性和聪明才智。二者缺一不可。要想成就大事，仅凭聪明是不够的，还必须具备能与聪明才智相配的品性。蠢人失败的原因，往往就在于他做事的时候没有很好地衡量自己的身份、条件、人际关系。

3.不要将所做之事彻底公开

人们最钦佩的事情，往往是别人预料不到的成功。太过显而易见的事情不仅无用，也很无趣。

表态含蓄且耐人寻味，如果你身处重要地位，更会激起旁人的好奇，让人更加期待。正是神秘性使神秘受到尊敬。即便你不得不说出实情，也不要将所有的底牌都说出来，也不要使你自己被人看得清清楚楚。小心沉默才可以更好地保持谨慎谦虚。一旦你下定决心要做的事情被披露，便容易失去他人的尊重，甚至被人贬斥。假如事情没有好的结局，你就要面临双重不幸。如果你真心希望得到他人的敬仰、尊崇，那么就向那多行动少言语的神学习吧。

4.有识且有胆才能成就丰功伟业

学识与胆量永远不过时，故而也能使你不朽。可以说，你拥有什么样的学识就是什么样的人。假如你有大智慧，则可以随心所欲。闭门造车的人就如同在黑暗世界中故步自封一般。体力和决断力犹如人的手和眼，只有学识没有胆量的人，再聪明也不会有成就。

5.让人们对你产生心理依赖

神之所以被称为神，不是因为人们对它的塑像非常崇拜，而是因为人们心中诚挚地信奉它。真正的智者不希望别人感激他，而是希望别人需要他。心中有所求，便会铭记于心，但是感激的言辞只会使人加速忘却，因此礼貌的需求心理比简单的谢词更有意义，别人对你的依赖远好于别人对你的礼貌。喝完井水的人大多转身就走；金黄的橘子被压榨完汁水后就会变成渣泥。一旦人们对你的依赖消失，就不再尊敬你。经验告诉我们：要让他人对你的依赖心理保持不变，就不能满足其需要，这样连君主也能被你掌控。可是在使用此法时要有度，既不能使人过于依赖你，又不可不满足其丝毫需要，也不可贪私利而不顾别人的急需。

6.力臻至善至美

人并不是生而完美的，必须修养德行，积极进取，才可以变得至善至美，从而使人的性格没有缺憾。完美的人有以下特点：品位高尚、才智出众、坚决果断、干练明理。很多人一直都不完美，总有缺憾。还有一部分人则需长时间修养提升才可以达到完美的境界。但凡至善至美之人都谈吐高雅、谦虚谨慎、行为得体，很受上层社会的青睐，大家都喜欢与之结交。

7.不要表现得比任何人都聪明

被他人逾越总是一件让人很恼火的事，尤其是当你的领导被你逾越时，他必将更为愤怒，而这对于你来说不但愚蠢，还会影响你的进步。过分锋芒毕露容易让人讨厌。所以要把自己的一些优点巧妙地隐藏起来，比方说长得过于漂亮，就可以用自己另外的缺点来相抵。虽然很多人并不十分在乎自己的机会、性格、气质被别人逾越，但是几乎所有的人，都很在乎别人比自己聪明。智力是人格的首要特征，因此是不容冒犯的，喜欢被人辅佐的君王更讨厌别人逾越自己。假如你想提醒某人，那么你最好显示出你只是告诉他某些他忘记的东西，还要让他觉得这些东西你认为他本来知道只是偶尔忘记了，并非只有你解释他才能明白，这就好比群星：每颗星都很亮，却从不与太阳争辉。

8.人最高的精神境界是不被偶尔的情绪波动所影响

要想使自己不被那些庸俗的、短暂的印象影响和左右，就要有坚强的意志。将自己和自己的一时冲动打败是人最大的胜利，因为你战胜了意志。就算是你一时冲动，也不能让它影响你的职位，尤其是你的职位相当重要时。这样做，不仅能聪明地避开麻烦，而且容易得到别人的尊重。

9.要改掉那些与生俱来的不足

河水水质的优劣与河床的土质有很大关系。不管哪里出生的人，肯定具备出生地的品质。有些人在清明盛世出生，因此就能更多地沐浴他所在之地的优良品质。不论哪个国家，不管它的文明程度有多高，总会有一些与生俱来的不足，也恰是这些不足让它的邻国感到欣慰和安全。能够克服或掩饰这种与生俱来不足的人，就可以称作胜者。又由于人们最尊崇他人意想不到的成功，因此只要你可以做到上面那一点，就能成为人们眼中的佼佼者，被人尊敬。别的不足则主要源于人们的身份、地位、时代、职业等。假如某人身上具备所有这些不足而未被察觉，也没有改正，那么这个人就必定会成为大家不可容忍的妖魔。

10.声誉和机遇

声誉广为流传，机遇轮回不定。声誉往往迟迟不到，机遇则多助人成就。机遇应防被人妒忌，声誉则需防被淡漠。人们能虔诚祈祷机遇，也能积极促成机遇；但所有的声誉都是勤奋坚持而得。对名利的渴求源自力量和充沛的精力。古往今来，声誉都属于巨人，且一直非常极端：或者是怪杰英豪，或者是天生栋梁；或者万夫所指，或者万古流芳。

11.同可为师者交友

结交朋友可以让彼此更博学,谈论可以让彼此受益。应当让朋友成为你的师者,将学识的用途和谈论的快乐相互融合,还要喜欢同悟性高者共同生活。你应当说可以让人喝彩的话,听能使自己博学的话。很多时候,正是由于我们感兴趣,我们才会尝试接近他人,因此这种兴趣可以称作高尚。恭谨的人常同英雄豪杰结交,这并不是阿谀奉承,而是在给自己发挥英雄气概搭建平台。有人凭借学识和敏锐的判断出名,他们多待人和善、身为典范、广为人知,同一些志趣相投的人共同组成才智非凡、风姿绰约的学院派。

12.天然和人工,材料和加工

任何美都需要修饰。如果没有能工巧匠的加工改造,粗俗的东西就不能完美。人力可救赎恶人,改善善者。因为天然总在我们急需它的时候缺席,因此我们就必须向人工求救。如果没有人工修为,好的气质也会庸俗粗糙。如果没有文化修养,就不能达到十分完美。如果不借助人工修饰,人们就会显得粗俗。所以,至善至美需要人工修饰。

13.预先思考别人的意图,再见机而行

人生在世本来就是一场铲除邪恶的战斗。狡猾的人常耍弄心机,声东击西地玩弄手段。他们常佯装锁定一个目标,装模作样地争夺一番,但是实际上却都暗地里瞄准别人的靶子,准备出其不意地给别人致命

一击。他们有时候仿佛无意间透露出自己的心思，其实却是要借此赢得他人的信赖和关注，并意欲在适当的情况下一改常态，一举成功。聪慧英明的人对待这种手段多是静观后给予阻挠，谨慎处理；看到那些人张扬的表面后逆向思考，就能得知他们的虚伪伎俩。智者时常不考虑他人的首要企图，因为这样方便引出他们的第二甚至第三企图。要弄伎俩的人一旦发现自己的诡计被拆穿，就会伪装得更细致，多会用实话使人上当，伪装得很憨厚地向人卖弄讨好。甚至会极为诚挚、推心置腹，而实际上却暗藏诡计和奸诈。但是英明之人可以看穿这些，能够看到阴影暗藏于光明之下，还能看穿对方的伎俩，知道那单纯的表面之下隐藏着罪恶。这种情况，就如同蛇怪皮宋①费尽心机同阿波罗神诚挚的洞察之光相斗的样子。

14.事实与气度

胸中有真才实学不能称得上完备，还应当注意同环境相符。气度不好会贻误很多事情，甚至会改变正义和真理。假如你有良好的风度，往往可以遮盖其他不足：即便拒绝他人，说"不"，也会使人觉得合理，它还可以让真理甜美，让衰老的脸洋溢青春之色。做事时的举手投足很关键，使人愉悦的言行常令人迷倒。得体的言行还能使人在逆境中保全自己。因此可以说，好的气度是人生的一种财富。

---

①古希腊神话中从丢卡利翁大洪水的污泥里孵出的蛇怪，后来被阿波罗神杀死在希腊帕尔纳索斯山脚下。

15. 广招谋臣

强者身边多聚有谋臣智士，让百事顺利。有时候强者的无知也会使自己身陷困境，此时便会有智士伸出援手，帮他们脱险，并为他们奔波。擅长使用智士的人，堪称德能高尚。这远强于提格拉涅斯[1]的野蛮之趣：当他征服一些国家后，总想使自己成为这些国家君主的主人。在一些关键事情上驾驭他人的方法是：聪明地让那些具备独特才能的人臣服于自己。浮生苦短，知也无涯；若知而不足，生也必难。如果想不勤学苦读就取得成就，就要运用特别技巧，综合别人的学问丰富自己，然后博采众长成就气候。想要如此，你就必须到人群中去，并要成为人们的喉舌，还要尽量成为许多智者圣人的代言者，依靠别人的努力，你就能获得声名。在一开始就选定一个课题，让你身边的人发挥才智，说出所有的真知灼见。假如你不能让知识做你的仆人，那么你就让它做你的朋友。

16. 学应富，志应诚

学富志诚是你成功的一个关键。如果悟性高的人心术不正，这种结合是非常不好的。恶意本来就会破坏完美，如果再加上知识的帮助，危害必然更大。不管何种天才，只要心怀不轨则必有恶报。有学问却不能明察决断会使坏人更加疯狂。

---

[1] 古希腊神话中从丢卡利翁大洪水的污泥里孵出的蛇怪，后来被阿波罗神杀死在希腊帕尔纳索斯山脚下。

17.不时改变你的做事风格

不时改变你的做事风格，能够迷惑他人，特别是能给你的敌人造成假象，引起他们的好奇，使他们的注意力被分散。假如你一直按第一想法做事，那么时间一长，他人就会熟悉你的做事风格，将你打败。直线飞行的鸟儿容易被捕捉，而飞行路线常变换的鸟儿则不易被捕捉。按第二个念头做事也不行，如此重复两次，也会被人看出。居心叵测的人无时无刻不在暗算你，因此你要处处小心，方可免受伤害。棋艺高超的人从不会走对手算计之下的棋子，也不会按对手的意思走棋子。

18.实力和实干

要想威名远扬，就必须具备雄厚实力和实干精神。具备实干精神的平凡人与没有实干精神的聪明人相比，反而能取得更高成就。实干能创伟绩，下苦功者必能成大器。有人甚至不想花力气去做最普通的事。干与不干取决于一个人的气质。假如做小事，可以平庸些，你也可以替自己申辩，声称自己屈才。但是如果安于现状，在卑微的职位上碌碌无为，不思进取，也不谋求在更高的职位上大展宏图，这就毫无意义了。造诣与天资都很重要，但需实干精神相辅，才可至善至美。

19.在事情初始时不应使人期望过高

广受好评的事物，大多不能与人们的期望正好相符。现实总是与想象有些距离。把某个事物想象得完美很容易，但是要做到完美却很难。

想象和欲望总是相互结合，酝酿出与实物相差甚远的东西。即使那种东西再美妙，也远不能与人们最初的想法相符，因此人们就会感觉上当受骗。所以，美妙的事物总是让人感觉失望大于兴奋。期望会骗人，必须用英明决断掌控它，从而使现实中的开心多于原来的期望。风光的初始大多是为了激起人们心中的好奇，并不是想提升人们心中的期望。假如现实超越了我们所预期的结果，或者后来的结果要好于我们所预期的，那我们就会深感兴奋。但是这种推断对不好的事物并不适用：如果一件坏事起先被夸大，那么当人们知道实情后，对这件事反而会很赞赏。所以一些原来觉得无法挽回的事物到后来似乎又变得能够接受了。

20.关于有很好机遇的人

真正名噪一时的人与他所处的时代关系紧密。他们之中并不是每个人都可以遇到好机会，有些人虽然有好的机遇却不能因时而动。有人应在更好的年代出生，但是真善美并不能一直胜利。万事万物的生发都有规律，优秀的人既能遇到机遇又会失去机遇。可是聪明才智的优点却能永远存在，即使现在他不能得志，但是总有很多其他机会能使他才华尽现。

格言21~40

21.胜利之路

运气有它自身的规律,对聪明人而言,并不是事事都需要运气。运气需依靠勤奋才可有效。有人满怀信心地走向命运之门,期待好运来到。有人则更为激扬,审慎又不乏大胆地直接跨入命运之门。他们以美德和勇气为翼,异常勇敢地同运气战斗,最终可以抓住机会、实现愿望。可是真正的哲人却只会有一个行动方案:凭借美德和审慎行动,因为运气的好坏很多时候在于我们是谨慎细心还是马虎鲁莽。

22.应博文广识

做事周到谨慎的人多博览群书,所怀高雅的治世之学,而非平常的市井俗语。他们一开口言谈就趣味横生,一开始行动就气势恢宏。举止言行要合时宜。要想让忠告有效,有时候玩笑轻松的方法远比煞有介事的教训更好。对于那些博闻广识的人而言,闲谈时无意间传递的智慧甚至比典雅的七艺还要高妙。

23.白玉微瑕,巧妙遮盖

世间每个人都有某些道德缺失或者性格缺点,虽然他们能轻易地克服这些缺陷,但是却常常听任其发展,不加改变。细心的人看到一个旷世奇才被一个细小的缺点困扰,难免为此感到惋惜:一轮太阳却被一朵乌云遮盖。缺点就好像脸颊的黑痣一般,不怀好意的人最容易看到它。若想使这黑痣变成美人痣就必须运用巧妙的技法,就像恺撒用桂冠掩盖他的缺点一样①。

24.约束自己的想象力

你的想象力有时候需要你激发，有时候需要你去约束。所有的幸福和快乐都与想象力有密切关系，因此应当聪明地管好它。有时想象力很残暴，常不安于沉默静思，于是突然行动，掌管你的生活，让生活变得高兴或不高兴，让人变得自得或者失落。对于愚蠢的人而言，想象力只会带来烦忧，因为他们总被想象力纠缠不休。对于另外一些人而言，想象力却许诺其幸福、探险和开心。假如人们不用审慎和常识约束想象力，它就会为所欲为。

25.察微知著，自得其法

明白怎样推断，曾经被认为是所有记忆的巅峰。然而如今仅仅会推断还不够，我们还应当学会预知未来，尤其是在那些容易让我们上当的事情上。只有当你学会察微知著后，才能步入聪明者的行列。有人很擅长洞察他人的心理，深知别人内心的意图。在我们的重要内情方面，审慎的人尽管自己明白，却也不和盘托出。所以你认为有好处的事，宁可相信它没有；你觉得不吉利的事，宁可认为它有。

26.寻找别人的弱处当作凭证

想要让别人心动，就要用妙招，单凭决心行不通。所以你应该学

---
①恺撒用桂冠来掩盖秃顶。

会洞察别人的心理。人们都会依据自己的兴趣去找寻自己非常喜爱的事物。人们也都有自己膜拜的偶像。有些人看重名，有些人看重利，但多数人喜欢玩乐。这里的关键就是要弄清楚，到底什么是偶像化的、能吸引人蜂拥而至的事物，这也就相当于得到了能开启他人欲望之门的钥匙。你所需要的也恰恰是这种"原动力"，但它并非必须是某些高尚的或者关键的事物。还不如说，平时它是某类卑微的东西，因为桀骜不驯的人总多于中规中矩的人。首先你应衡量他的性格特点，然后再对他的弱点进行试探。只需用他喜好的东西引诱他，他肯定会就范。

27. 广博不如专精

完美凭的是质而不是量。世间好的事物往往很少，也难求，多了则失去其价值。人亦如此：伟大的人往往个子很矮。有人称赞一些书，单纯因为这些书是鸿篇巨制，仿佛它们被写出来给我们看，并不是为了提升我们的智慧，而是为了考验我们的臂力。仅靠广博很容易变得平庸，那些通才常希望自己各科皆专，但结果却是科科不理想。学业有专攻才会有收获，这样的人如果做大事，那么肯定能博得美誉。

28. 凡事皆需超凡

品位则更需超凡。不追求庸俗可谓是明智之举。审慎者从不轻易被世俗的鼓掌喝彩所迷惑。有些贪图虚荣的人就好比顺势变换肤色的变色龙，宁愿呼吸别人吐出的污秽空气，也不呼吸阿波罗的和煦微风。要有自己的见地，万不可从众。不需要对那些庸俗之人的创造过多谈论：它们都是些不足挂齿的低级事物。庸俗之人所膜拜的事物多为一些流行的蠢笨之物，而一些美妙高雅的事物他们反而不会看重。

29.应正直不屈

应坚定地保持理智，万不可因一时冲动或者迫于压力而步入歧途。但是我们应当去什么地方寻找这种正直不屈犹如凤凰般的人呢？刚正不阿之士寥寥无几。人们都很推崇这种品质，却极少有人做到。即便是有人去践行这种品质，也是稍有困难就退缩了。危难之时，虚伪者将其遗弃，政客则狡猾地将其改换面容。正直这一品德不畏惧抛弃友谊、权力乃至自身利益，所以许多人宁可不要它。那些所谓的智者巧言令色、满是借口、大放厥词，说"要为大局着想""要为安全考虑"等，但是真正诚实的人却总把欺骗当作一种对信义的背弃，宁愿做磊落的、正直不屈的人，也不想做那所谓的智者，因此正直者总与真理为伍。假如正直者同他人在意见上不和，并不是由于其善于变化，而是由于别人将真理弃之不顾。

30.不可做有辱声誉之事

不可做有辱声誉之事，更不可以做那些不仅不能带来名誉还会被人轻视的事。任性有很多种表现，但对于思维清晰的人而言，任何一种任性都不应发生。有些人兴趣广泛，他们会接纳明智者排斥的所有东西，甚至将所有怪僻的行为都当作乐趣，虽然这也让他们得以出名，但是很多时候仅仅是笑柄而已，并非正面赞誉。即使在追求智慧时，审慎的人也应当尽力不要太过做作和显露，特别是应尽量少在那些容易使人显得可笑的场合露面。此类事物不必一一列举，从古至今，那些见怪不怪的可笑事件都可以引以为戒。

31. 熟悉好运的人，与其交友；熟悉霉运的人，与其绝交

霉运很多时候都是愚蠢所致，对于那些走霉运的人而言，非常容易发生连锁坏事。即使是对小恶也不可开门放过，因为门外可能还隐藏着很多大恶。此处的关键是要明白应扔掉哪张牌。你对面坐着的赢家手中的牌，即使再不起眼，也要强于自己这个输家手中最好的牌。假如有疑惑，最聪明的办法就是与智者结交，迟早他们会使你走好运。

32. 使他人明白你善解人意

假如你是他人的领导，善解人意就更为关键。善解人意的君主更容易使人产生好感。身为人主的一个优势就是可以比其他人更方便施善。朋友实际上就是可以帮你办事的那些人。有人常有意不想让别人对自己产生好感，并不是他们感觉讨好别人麻烦，而是他们这类人性格怪异，故意如此。在面对任何事时，他们都要同那些人神共同遵守的准则相抗。

33.明白应当在适当的时候拒绝

人的一生最需要学会的就是适时拒绝，而其中最为关键的拒绝就是拒绝为自己或他人做某些事。因为有些事情并不是很重要，却空耗很多宝贵的时间和精力。更坏的则是只顾着忙一些皮毛小事，这比什么都不做还要坏。要想真正使自己审慎仔细，仅仅不管别人的闲事还不行，还必须谨防他人插手管你的闲事。不可对他人产生太过强烈的依赖感，不然会使你迷失自己。你也不可滥使友情，不能对朋友要求他不情愿给你的东西。过和不及都不好，同他人相处也是如此。如果你能做到适量和适度，那么你就可以赢得别人的信赖和尊崇。可以做到有节制非常难得，它会让你受益无穷。你需要用足够的热忱去关心至善至美的事物，绝对不可以将自己高尚典雅的品位破坏掉。

34.应明白自己的专长

应该清楚自己的专长和天分，发展它们的同时还要发展其他特长。假如每个人都明白自己擅长做何事，他们就都可以在所擅长的领域成就突出。先明白自己的天赋属于哪一方面，然后再全身心地发展它。有人擅长英明决断，有人则十分勇敢。大部分人毫无目的地乱用自己的才能和智慧，最终一事无成。正是他们自身的满腔热情麻痹、误导了自己，直至最后才恍然大悟，却为时已晚。

35.遇事应慎重考虑

在遇到大事时更应当认真斟酌。愚蠢之人失败的原因就是没有深入思考，他们不能将事情考虑透彻，不能看出其中的利弊，因此也就不会耗费气力认真去做。有人考虑事情本末倒置，不关心关键的重要事物，却急着去做那些皮毛小事。还有很多人从来都不会头脑发昏，因为他们原本就没有头脑。有很多事情我们应该认真考虑以后铭记于心。聪明的人会把每件事都仔细考虑权衡，对那些深奥或者值得怀疑的事更是再三斟酌，有时候就可以透过现象看到其本质。他们考虑事情比一般人要更深刻、全面。

36.心中要清楚自己的时运

应当清楚自己的时运所在，这不仅是为了行动，还是为了更好地投入。明白自己的时运比了解自己的秉性和体征都重要。四十岁的人还向医圣希波克拉底索要健康是非常愚蠢的；如果还向塞内加索要智慧，那就更加愚蠢了。若想掌控时运则必须本领高强，虽然你永远不可能理解它没有规律的行为，但是你可以安静等候好运到来，因为时运有时非常磨蹭；你也可以利用它，因为时运有时会非常和善地对你。假如它对你很青睐，那么就放马前行，因为它常喜欢大胆之人；假如你运气不好，那么就暂停行动，转而自我反省，避免再犯同样的错误。假如你已驾驭了它，那么你就算取得了大胜利。

37.擅于聆听和巧妙利用弦外之音

这是同人交往时最深奥巧妙之处。此方法可以用于试探别人是否机智，还能打探他人心理。旁敲侧击之音，表面是恶毒、鲁莽、妒忌之情，但激情之毒却隐含其中，它是隐形霹雳，会使你声名俱损。有时候一句含沙射影的恶毒之词就可以让某些人毁灭。擅长使用权力的人从不害怕多人的阴谋和某个人的敌意。但有些弦外之音则作用相反，可以为我们增添名望。这些飞镖既然朝我们发射，原本就是居心叵测，所以我们需要巧妙接镖：当镖飞来时我们要慢慢与它周旋，没有飞镖时也要小心提防。知己知彼才能更好地防备。如果我们先有防备心理，等攻击来的时候就可及时将其化解。

38.急流勇退，见好即收

这是每个手段高明的赌徒所尊崇的，适时而退犹如巧妙进攻。一旦已经足够成功，即便是还有更多的成功，也要见好即收，接踵而至的好运让人怀疑。更为正常的是好运和霉运交替而至，人们正是从中感受到酸甜苦辣。如果运气来势太猛，那么就有可能顺势把一些东西撞坏。幸运女神有时也会给人们补偿，用持续性来弥补我们紧张的感觉。假如她被迫一直背负某人的话，那么她肯定会感觉乏味和疲惫。

39.洞察世事,把握良机

世间所有的事物都会发展到尽善尽美。如果它还没有达到至善,那么它就会不断被补益完善;一旦它达到至善,那么它就会日趋衰败。而在工作方面,可以日趋至善的人,万中无一。拥有高雅品位的人明白怎么去欣赏一样极尽完美的事物。然而并不是每个人都会欣赏事物;即使会,也并不是每个人都可以明白其中的真谛。即使是理解力所结的果实,也具有这种高度成熟性。你要抓住机遇,珍惜它、利用它。

40.待人处事应有德行操守

受到广泛尊崇确实是件很好的事情,但获得善心却更为关键。想要达到这个目标,不仅要凭借运气,更需要努力地付出。事业之初或许需要运气,但如果想建立伟业,则必须依靠努力。人们常觉得,只要获得声誉,就能博得他人好感,但其实单凭才干非凡是完全不够的。是否有善心要看其是否行善。行所有善事,包括善言、善行。想要别人爱自己,自己就必须先爱别人。伟人们讲求礼节,这是他们吸引众人的一个方法。行在前,言在后。先解甲,再成文,因为文人雅士亦讲德行,且这德行恒久不衰。

格言41~60

41.不应言过其实

用词过分夸张是很愚蠢的。夸张的词语不仅违背事实,还会让别人怀疑你的判断。说话言过其实,就好比将赞扬之词随处乱丢,会表现出你知识不足、品位低俗。赞美吸引好奇心理,而好奇心理又会滋生欲望。当他人在后来发现你过分夸张时,常会感觉他们心中原有的期望被你愚弄,因此会心生报复,把赞扬者和被赞扬者全部推翻。因此审慎者懂得把握分寸,知道言之不足好于言过其实。真正意义上的非同凡响极为少见,因此不宜随便夸赞。夸大其词可以说是变相撒谎,他人有可能因此不再认为你具有高雅品位,甚至你的良好声誉也会因此受损。

42.生而为王

天生就懂得治人之法堪称是一项超凡的神秘能力,这项能力不是源于刻苦勤奋,而是源于与生俱来的王者天赋。在这类人面前,人们会不由自主地臣服他们,认同他们的神秘能力和与生俱来的王者风范。这些人富有贵族气息,其才能可做人君,其天运可为狮王。人们敬畏他们,也对他们心服口服。假如他们还有其他天生的才能,那么他们就可叱咤风云。他人需要长篇累牍才可解决的事情,他们则只需一个轻轻的手势即可将事情办妥。

43.心向圣贤,口随众人

违逆潮流而行不但很难发现真理,还会陷入险境。唯有苏格拉底有冒这种危险的胆量。觉得自己持有高论相当于侮辱他人，因为这就表示你认为他人的意见是不对的。不管是有人被批评，还是有人受到赞扬，都会有很多人对此感到不畅。真理掌握在少数人手中。卑劣的欺骗行径非常常见。你想依据一些人在众人面前的某些言论来衡量他们是不是圣贤是非常困难的。这些人通常不说实话，仅为了迎合众人，但他们私下又很厌恶这种心口不一的行为。明智者既不驳斥他人，也尽量避免自己被驳斥。他原本或许很喜欢责难他人，但却从不轻易显露出来。人们自由的感情，不可以也不应该被侵犯。这些情感在心中默然静处，只有碰到通情达理的人它们才会显露。

44.跟伟人惺惺相惜

　　伟大英雄具备一种天性，能同其他英雄惺惺相惜。这种英雄间惺惺相惜的才能，不仅神秘，还有很多益处，堪称人世奇迹。世间存在相近相知的心灵和气质，这种惺惺相惜的作用同世人所知的那些灵丹妙药效力相当。这些共鸣和情感不但可以让我们博得好声誉，也会让他人对我们产生倾慕之情，让我们能迅速赢得他人的尊重。这种才能虽无语却雄辩不绝，虽无功却有赫赫成就。共鸣和情感分消极和积极两类。这两样东西可以在身居高位者中开创奇迹。想要了解并很好地区分和利用共鸣和情感，应当有巧妙的技法。这种超凡的才能带给人的益处是一般的努力所不能取代的。

45.可利用深藏不露的想法，但不能滥用

可以充分利用深藏不露的想法，但不能滥用，特别是不能泄露。由于所有的智术都会惹人猜疑，因此都应加以遮掩。而那些深藏不露的想法太让人憎恨，所以更应遮掩。欺骗的行径到处可见，因此你应十分小心。可是你也不可以被人发现自己的提防之心，否则别人会对你产生怀疑。他人如果知道你的提防心理，就会觉得身心受伤，还会伺机报复，从而诱发祸端。深思熟虑再行事，就会有颇多收益。能不能将一件事情做得圆满、达到极致，关键在于行动方法是否周详。

46.对自己的反感心理进行控制

对于某些人我们会有本能的厌恶，这种心理甚至在我们还没发现某些人的长处之前就早已出现。有时那种卑劣的情不自禁的反感针对的是一些非凡之士。要谨慎控制这种心理，因为对杰出人物的反感之情最损伤自己的人格。可以跟杰出人物和谐共处是非常值得称道的，这就好比用反感之情看待他们是非常羞耻的一般。

47.不能随便涉足冒险的事

这一点正是审慎的精华之处。胸怀大志的人很容易行为极端。在两个极端之间原本有很长的一段路，所以审慎的人就会在二者之间行走。唯有仔细思考后，审慎者才会付诸行动，因为事先避开危险远比事到临头再应对危险要简单得多。在危险的境遇之中我们无法保证自己的

判断，因此最安全的就是将他们彻底摒弃。很多时候，一个危险会诱发另外一个更大的危险，最终将我们置于灾难之中。有人因为自身的原因天生鲁莽，经常滋事，常使别人也身处险境。然而大脑镇静的人则擅长权衡局势，他们清楚真正意义上的勇敢是擅长避开危险而不是将危险征服。他们也明白有勇无谋的愚鲁，因此不愿再犯同样的错误。

48.做一个真实的思想深刻的人

就好像钻石总是藏在地下一般，内在的东西远比表面的东西更为关键。有些人则是徒有其表，就像是一处由于资金不足而没能修建完毕的建筑，有着宫殿般豪华的大门，但是屋子内部却简陋得很。虽然他们一直在这座房子里面，但你却找不到可以驻足休憩的地方，因为他们一跟你说完客套话就不知道该做什么了。他们一开始的客套应酬如同西西里的骏马般活跃，可是紧接着他们就会变得如同修道院一般寂静了。如果想嘴里言谈滔滔不绝，那么舌根之后就应不断注入智慧之泉。这种人很轻易就能把那些头脑简单的人蒙骗住，却骗不了眼神犀利的人，因为眼神犀利者能透过表面看到他们内心其实空无一物。

49.看透彻，断准确

一个人如果能看得透彻，判断准确，那么他就可以掌控事物，而不被事物所奴役。他能看到事物最深处，明白他人才干的多少。他能看懂任何人，并可洞悉他们的本质。他们洞察力极强，不管事物多隐秘，他都可以破译。他审慎地观察、缜密地思考、清晰地推断，世间没有他不能知晓、了解、掌控、熟悉的东西。

50. 自尊心不可丧失

自尊心不可以丧失，也不能对自己过于随意。要用你自己的正直品格来让自己保持正直。你要尽力对自己严格要求，不应依赖外界的各种规矩戒条。言行要尽量得体，这并不是由于害怕他人的刻薄评论，而是由于你本身就具有审慎之心。假如你害怕自己，那么塞内加所说的虚拟证人[①]就没有必要了。

51. 应有技巧地选择

人生好多事情都与你的挑选能力密切相关。你需要有很好的品位、正直的品格和判断力，单凭智慧和运用能力远远不够。不能明察，选择不当，就不能得到美好的结局。因此，这就关系到两种能力：选择的能力和选出最佳选项的能力。有很多非常聪慧的人，决断严密谨慎，不仅勤奋刻苦还博文广识，但在选择方面却时常很失败。他们常选定最不好的事物，仿佛在故意显露他们挑选错误选项的能力。明白怎样去选择，是上天赠予我们的最宝贵的才能之一。

52. 应当时刻保持冷静

审慎者总是一直努力保持很强的自控力。这种能力是真正人格和心

[①] 虚拟证人，即良心。出自塞内加所著的《道德书简》。

力的表现，因为胸怀宽广者不会轻易就被情绪控制。激情是萌生自心底的奇怪想法，稍一过度就会让我们的决断处在病态。假如这种病传染到嘴边，你的声誉就可能被影响。你应该彻底将自己掌控住，应努力做到不论是十分顺利还是时运不济，都没有人批评你，说你的情绪太容易波动。你的卓尔不凡应让众人叹服。

53.勤勉努力的同时也应积极动脑

当遇到犹豫不定的事情时，勤奋能促使其实现。愚蠢者多喜欢快速决断：不管阻碍，做事莽撞。聪明人则常因遇事优柔寡断而不能成功。愚蠢者事事急切，聪明人事事迟疑。聪明人虽然有时对某些事情的判断无误，但却由于马虎大意或做事太慢而出错。幸运源自坚持不懈。应做之事马上处理，毫不拖拉，这非常关键。有谚语说得好："忙里须偷闲，缓中须带急。"

54.把蜂蜜和蜂刺交相使用

即便是兔子也敢去捋死掉的狮子的胡子。勇气同爱情等事物一样，都不能用来开玩笑。只要它第一次屈服了，就会再有第二次、第三次。如果一样的问题到最后还是要解决，还不如一开始就把它解决掉。人们在思想方面总要比行动方面勇敢。处理刀剑也应如此：小心地把刀插进刀鞘，等待时机成熟再用。它就是你用以自卫的武器。精神孱弱比肢体孱弱还具有危害性。很多具备优秀品质的人恰恰缺少这样的活力，因此他们看上去非常死气沉沉，浑身散发着萎靡不振的气息。无形之中自有巧妙安排：使蜂蜜和蜂刺相互作用，让你既有胆识也有骨气，别让你的精神变得萎靡不振。

55.要明白怎样去等待

明白怎样去等待的人拥有无限的忍耐力和广阔的胸襟。做事万不可太过鲁莽，也不能被情绪掌控。可自制者才可制人。在还没有来到机会的中心地域时，可以先去漫游一下时光的太空。英明的犹豫不决能让成功更坚固，让秘密的事情最终修成正果。时光之拐的用途比大力士赫克琉斯的铁棒还大。上帝惩罚人类不会用钢铁一样的手，而是用拖拉的腿（意思是：不是不报，时候未到。——译者按）。有谚语说："只要给我时间，我一个顶两个。"（也有"留得青山在，不怕没柴烧"之意。——译者按）命运会双重奖励那些耐心等候的人。

56.一边做一边思考

良好的冲动源自快乐时不忘戒备的心灵。对于这样的心灵而言，不存在使人厌恶的突发情况，不存在任何紧张情况，只有不尽的活力和生机。有些人想的很多，但是做任何事情都会出差错；还有一部分人鼠目寸光，却可以事事做得顺利。有些人具备很强的抗击困境的能力，越是面临大挑战，越能激发自身能力。这些人都称得上是怪才，仿佛其成功很自然，一旦有所顾虑，反而会招致阻碍。假如当时他们没想到，那么事后也绝对想不到,就算是刻意想也没有用。敏锐可以博得好评,因为它彰显了一些极有天赋的东西:思维精细,言行审慎。

57.有远见的人少遭困厄

把事情真正做好了,就相当于将事情做快了。单单贪图尽快成事,那么败事也会很快。凡是可以长久流传的事物,必须耗费长久的时间才可以做成。唯有真完美才会受万众瞩目,唯有真成功才会永垂不朽。理解深刻才能得到永恒的意义。伟大的价值要耗费宏伟的工程。即使是金属也一样:最贵的耗工最多,也最具分量。

58.灵活地同周边的人共处

不可跟所有的人都表现出一样的才能;事情需要几分付出就付出几分。不可以浪费你的学识和才干。最出色的养鹰人只驯养自己需要的鹰。不可以时时显露才干,不然过不了多久,你在人们心中就会失去新鲜感。因此你需要保留几项妙招。如果你可以时不时展露一下新鲜的才能,那么人们就会一直对你怀有期待,搞不清楚你到底有多少不为人知的才干。

59.有好结局才是真的好

在拜访命运宫殿时,假如你由快乐之门进入,那么必定会从悲哀之门出来;如果自悲哀之门进入,那么必然从快乐之门出来。因此你在处理事情结局时必须谨慎,有一个成功的结局比有一个风光的开场更重要，幸运者时常开头风光，结局凄惨。最关键的并不是你一到场人们就马上热烈鼓掌（虽然这很常见），而是当你离开后还有人对你深感怀念。如果你离开后有人希望你再来，那么你才算是杰出者。极少会有好运伴你直到大门口。好运总是在欢迎人时满脸笑容，送别时满面不屑。

60.巧妙决断

有些人的谨慎是与生俱来的，他们一出生就具有了优秀的判断力，这是其优点。判断力作为一种天生的才智，让他们还没开始就已成功了一半。伴随着年龄和经验的增加，他们的心智日益成熟，判断力也越来越敏锐，并且运用自如。他们对任何可能诱惑审慎心智的奇谈怪论都十分憎恨，特别是在国家要事方面更是如此，国家大事更要严谨。用舟比喻国家，那么这种人可掌管航海这种大事，虽不是亲自掌舵，却可做舵手的老师。

格言61~80

61.做伟大事业中的佼佼者

这是所有完美特质中最为少见的。所有的英雄伟人，都必须具备某种高尚品德。凡夫俗子不会博得喝彩。在崇高的事业中成为佼佼者，能让我们有别于凡俗之人，从而卓尔不群。在卑微的事业里做得再好也没什么可称道的：成就越容易取得，也就越没有什么可骄傲的。在崇高事业中独占鳌头会让你独具帝王之风：人心所向，赞扬之声不断。

62.使用上好工具的人最明智

有人使用劣质工具，以期人们会觉得他技艺高超。这是一种自以为是的危险做法，即使受到挫败，也全在情理之中。君王的伟大英明绝不会因为宰相有能力而削减。正好相反，所有成功后的荣耀常属于事业的领袖，就好像事情失败的过错也都归属于领袖一样。可以名利双收的人堪称人上人。人们从来不会评价某人"拥有良工或劣匠"，而会评价某人"技高一筹或智术低下"。因此你要精心挑选下属，你应当在下属身上寄托建立万世美誉的希望。

63.先出手为妙

假如你是真正的优秀人物，那么就应先下手，这样可以让你得到双倍的益处。假如别的条件一样，则做事先出手的人肯定先占有优势。有人本可在他所在的领域里如百鸟朝凤般做个佼佼者，但是却被一些不及自己的人抢占了优势。先出手者是名声的长子（有继承权——译者按），后出手者是次子（无继承权——译者按），只可以借助律法等取得一些微薄的财富度日。不管后者怎样刻苦，也难以避免重蹈他人覆辙的命运。那些精明的天才在审慎地使自己的冒险不会出差错的情况下，常常独具匠心，开辟新的途径获得成功。智者擅长标新立异，最后得以与豪杰为伍。有些人却甘心做二流者的首领，而不做一流者的末尾（宁为鸡头，不为凤尾——译者按）。

64. 力避悲伤

尽量避开祸事烦忧，不仅明智还很有好处。做事审慎会让你避免很多烦忧，因此可以说审慎是能让你收获幸运和开心的努西娜女神①。别给他人带去不能收拾的噩耗，更不要自己收到这样的噩耗。有些人习惯了甜美的阿谀奉承，双耳已分不出好坏；有些人则听惯了流言，已分不出善恶；还有人如米斯利达特斯②那般每天都要吃一剂类似毒药的东西，否则寝食难安。为了博得他人（即便是你的挚友）的欢心却使自己一生痛楚，同样不是好办法。虽然有人曾为你谋划，但他本身并没有风险，因此你也不必为了讨他的欢心而置自己的幸福于不顾。当你让别人开心就预示着要使自己烦愁时，有必要将这个教训牢记于

---

①努西娜女神，罗马的分娩女神。这个姓氏也为朱诺和狄安娜所用。
②庞图斯国王，因害怕敌人的毒害，所以每天吃点毒药以使自身产生对毒药的抵抗力。

心：与其使自己在事后被无法自拔的痛苦折磨，还不如使他人现在稍微受点苦痛。

65.要有高雅品位

高雅品位就好比才智，能够在后天培养而得。把事物了解分析透彻，能够吊起你的胃口，使你的欲望增加，因此一旦日后你获得成功，便会倍加开心。从某人所追求的事物上，就能判断那个人才干的高低。才干越高，追求的事物往往越宏伟。嘴越张得大，就越能咬下更大的东西；具有崇高心性的人肯定会做崇高的事。面对着具有高雅品位的人，即便是最杰出的伟大人物也会惶恐，最完美的人也会失去自信。极少有事物完美到至高至大，因此欣赏事物时，你不能太苛刻。品位的形成与你同别人的联系密切相关。经过很多练习，你才能形成独有的品位。假如你可以同那些品位极高尚的人结交，那是你莫大的缘分。但是你不可声称对一切都不满，这种极端心理非常愚蠢。假如这种极端的心理仅仅是为了做样子而不是天性，那么就更为可恨。有人幻想上帝还创造了另外一个世界和另外一些完美的东西，这样他们与实际相背离的幻想就可以被满足。

66.做事应善终

有些人做事情时看重的是是否按规矩和分寸做事，却从不关心是不是可以达到最终目的。因此，不管他们如何刻苦勤劳，一旦没有成功，还是有损脸面。人们不需要获胜者道出其取得胜利的缘由。多数人不看重事情的细节过程，而只是以成败论英雄。你只要可以如你所愿获得成功，那么就肯定会获得声誉。不管你用了何种让人不喜欢的手段，结局好则代表一切好。假如你只能依靠不择手段成功的话，那不择手段就正好是真正的手段。

67.选择被认同的职业

很多事情的成败都与他人是否认可满意相关。完美必须有赞扬来协助，好比鲜花需要春风抚摸，生命必须依赖呼吸。有些职业是所有人都喜欢的，但有些职业尽管重要，却不被常人关注。前者人所共见，人见人爱；后者稍微罕见，更需要高深的造诣，可惜它幽微难显，虽然可敬而尤敬声可闻。最著名的君主就是那些取得胜利的君主，正因为阿拉贡众王是战功赫赫的征服者和英雄，所以才能博得天下人的颂扬。杰出的人物应当偏重那些极负盛名的行业，那些行业人人熟悉，每个人都能从事。假如他可以博得众人的夸赞，那他就可以名垂青史。

68.使你被人理解

由于智力比记忆力伟大很多，因此使你自己被人理解远好于让别人记住你。在有关将来的某些事情上，你应当提示他人，有时候还应给他们提出意见。有人在适当时机却没去做应当做的事情，仅因为他们将该做的事情忘记了。你要和善地向他提出建议，说明其中利害。能敏锐地衡量形势，原本是非常杰出的天赋。如果你没有这个天赋，就可能失去很多成功的机会。让有英明见地的人为别人解惑；让没有英明见地的人去谋求这项才智。帮人解惑要审慎，让人去谋求解惑这项才能更应小心，点到为止。如果帮人解惑的人自己都可能涉险，就更需谨慎。当你的暗示效力不够时，你最好将你的高雅品位展现出来，并显得更加诚挚。假如对方公开拒绝，那你就应该用才智谋求他的同意。很多时候，某些东西你没有得到，原因就在于你根本没有去努力追寻那件东西。

69.不可被那些平常的冲动打败

杰出的人物从不会一有点想法就马上为它心动。审慎之心源于自省：明白或预先知晓自己的气质，然后逆向而行，从而平衡自己的心机和天赋。自省源于自知之明。有些人天生任性，做事总喜欢随心所欲，任何变化都会影响他的状态。正是因为他们被这种不良的失衡所操控，才使得他们行事时总会自相矛盾。这种过度任性不但破坏其意志，还会干扰他们的决断力，影响他们的欲望和认知力。

70.巧妙回绝

你不能将所有的东西都送给别人，给予和回绝拥有同样重要的地位，特别是针对命令的发出者而言更是如此，但其中的关键在于怎样回绝。有人的回绝比其他人的承诺更可贵：有时候一个"不"字远比承诺让人喜欢。很多人经常说"不",最终将事情搞砸。他们可能会在事情过后退让,但这不会博得别人的好感,因为在一开始他们就破坏了别人的兴致。不能对别人太过决绝,要使他人慢慢地感觉到心中的失落,千万不可以一下子回绝:这样那些人就不会再对你抱有希望。应当留有一些希望和余地,以使被拒绝后的痛苦中稍带些甘甜。就算是把以前的实惠取消了,也应该做得不失礼节,即便行动上不去弥补,也应当口头上稍加补偿。"可"和"否"两个字说起来简单,但要做得妥善却需要下功夫。

71.不可由于秉性或者做作而说出前后矛盾的话

审慎之人在做一切有关完美的事情时总会前后相互一致,这也正好凸显了他们的高明之处。唯有事情最本质的原因和最密切的利害关系才可能影响他的行事方式。审慎之事最忌讳的就是反复不定。有些人每天都会变,他们的时运也会每天不同,同时他们的毅力和认知力也每天都在变化。他们在昨天可能只是让步,到今天就会变为倒退了。他们还自毁名声,使人深感疑惑。

72.应当机立断

做事优柔寡断带给人的害处远大于执法错误带给人的不良后果。处于静止状态的事物比处于运动状态的事物更易受损。有些人总是没有主见,需他人敦促。许多时候他们并不是不能决断,而是他们做事太过磨蹭，事实上他们都是非常英明的人。可以看到问题的本质，也算是英明，但是如果可以巧妙躲避灾难，才算是真的英明。还有一部分人拥有极高的决断力和坚定的毅力，从不会被别的事情所阻挠妨碍。他们天生就是要成就伟业的，他们所具备的敏锐洞察力使他们可以轻松成功。他们从不食言，总可以游刃有余地将事情做完。他们深知自己的运气，因此可以满怀信心地再创奇迹。

73.巧妙退避

审慎的人解决困难的一个好方法就是巧妙退避。即便是身陷最令人苦恼的迷宫，他们也可以拿一个极为高雅的笑话让自己全身而退，堪称一笑脱险。著名的军人贡扎罗的勇敢就源于此。你能和气地讲出截然不同的观点，就是为了扭转话题。最为适合的方法就是假装话题所指不是你，而是另外的人。

74.要和善待人

城市里生活着最为野蛮的动物。没有自知之明者的一个最坏的习惯就是不容易亲近。他们拿荣誉来改变自己的秉性。总是特别容易惹人发怒，绝对算不上是出名的好办法。想来这种人只不过是有奇怪性格的怪物，时刻准备恣意放纵，无理取闹。不走运的仆人靠近他的时候，就如同接近老虎，还要担心地拿皮鞭自卫。这类人为夺得权势曾经谄媚地奉承所有人；而今大权在手，就想要别人都不开心，借此洗雪以前的耻辱。实际上由于他现在的地位，本应是人们都想接近的大人物，却因为他太过虚荣和刁钻，使得人们都离他远远的。对这类人最不失礼节的惩治就是完全不去理会他。如果你真的极富才智，就应当运用你的才智为他人谋福。

75.选杰出人物做老师

选一位豪杰人物当作你的模范，但是你应该同他竞争而不是尾随其后效仿他。世间的杰出人物风格迥异，他们在自身所处的领域里挑选一个领军人物作为自己的模范，但并不是想单纯地模仿他，而是想超越他。亚历山大在赫克留斯墓前黯然流泪，可是他并不是为赫克留斯而哭，而是为自己落泪，遗憾自己不能像赫克留斯那样大名鼎鼎①。世间万物，只有别人的名声才能激励自己上进。别人的名声犹如让人进步的号声，能令人忘怀妒忌而奋发向上，成就伟大的事业。

76.不可太过幽默

审慎之所以为审慎，主要是因为它非常严肃，而严肃比玩弄小聪明更易被人敬重。总爱说笑的人很难达到完美的境界，还容易被当成笑料。人们会将其视为撒谎的人，不再信任他。一方面我们担心上当受

---

①依普鲁塔克所言，亚历山大曾在赫克留斯墓前由于嫉妒而流泪，由于后者被当成英雄写进《荷马史诗》而得以万世流传。

骗，另外我们也担心被他嘲笑。人们一直很难分得清喜欢开玩笑的人何时说的话是真话，这大概也就相当于他没说什么值得信任的话。没完没了的玩笑是最糟糕的幽默。有些人会因为幽默而获得声誉，但最后却又因此而失去声誉。当然有时候需要说一些玩笑的话，但有的时候也必须非常严肃。

77.不断自我调整，同别人相宜

做一个像普洛特斯那样言谈优雅、善于变形的人①。同学者交友，言谈中可以彰显自己的才学；同圣人交友，行动中可以展现高尚的品行。此为博得善意的好方法。由于具有相近的习性就易生出好感，从而可以惺惺相惜。首先你需要审视对方的秉性，再决定怎样跟他交往。无论他是严肃还是活泼，你都必须做到心里清楚，才可以顺势而为，投其所好。假如你对对方有所求，这点就更为关键。即使你只想做个办事牢靠的人，不断自我调整以同他人相适应也是非常必要的处世之道。然而这一点并不是平常人可以做到的。可是对于学识广博、兴趣广泛的人而言，这点并不难。

78.行事妙在探索琢磨

愚蠢的人总会鲁莽行事，主要是因为他们多数缺乏谋略。他们看待事情太过简单，不能预知困难，也不考虑会有损声名。可是审慎的人却

---

①普洛特斯是希腊神话中的人物，非常善于变形。

十分小心。他们先深思熟虑再去实地勘察,然后再去做,以确保无误。智者非常明白,虽然有时候命运之神会比较宽容,可是鲁莽的行为必然失败。如果不知深浅,请你缓行,不如睁大眼睛,支起耳朵,小心翼翼,试探而行,这样才可以踏实。如今同人交往,危机四伏。慎思多察,方为妙方。

79.简单快乐的秉性

如果能够控制得当,这并不是一个缺点,而是一个很大的优势。或许机敏能让它更为耀眼。杰出的人可以很好地借助幽默和风趣博得他人的好感。可是他们也很看重审慎,从不会做有失礼节的事。别人则会把玩笑看作是解决困难的上策。有些事应以玩笑视之,即便是一些他人觉得很严肃的事。这样能表现出亲切和友好的一面,可以让他人为你而痴迷。

80.耳闻之事要审慎

人的一生,很多时间都在扩充自己的知识。可是能亲眼所见的事情不多,剩下的都需要从别人那里知道。人们的耳朵不仅是了解真相的后门,同时也是假象的前门。很多真相要依靠眼睛观看,而不能靠耳闻。耳闻所得的真相,极少是真实的。那些所谓的来自远处的真相更不可信。任何事情一旦被人所传就会夹杂传播者的情感。而且只要情绪影响到事物,必然就会多一些色彩,使它让人喜欢或者讨厌，让我们倾向于某个印象。一味颂扬的人比批判者更引人瞩目。要看透他的企图，倾向谁，图什么。需要小心提防虚伪的人和时常出错的人。

格言81~100

81. 再创新的功绩

这也是凤凰涅槃的诀窍。优秀会腐朽，声名也会有尽头。时间一久，多高的崇敬都会被销蚀，多么伟大的功勋到老了也会败给平庸。所以勇气、才干、幸福等所有的一切都需要不断更新。要勇敢再现你的功绩，就好像太阳，不断放射晨光。将其收敛，是想让人们更加怀念；重振辉煌，则是想要他人鼓掌喝彩。

82. 没有全错和全对

明智的人把所有智慧总结成中庸。正确过度则是错误。橘子被榨干后会变苦。就算高兴也不可过激，无节制地使用才华必然会才思用尽；如暴君般去挤奶，只能得到鲜血。

83. 允许自己犯一些能被原谅的错误

有时候草率的行为是有利于他人见识你才干的好方法。对他人的排斥常为嫉妒的一种表现方式，越是文明的妒忌越有罪。美好的事物之所以被妒忌所指控，是因为人们难以忍受完美；绝对的完美被人们斥责。妒忌让人变成了百眼巨人阿耳戈斯①，专门从完美中挑刺，就是为了借此自我安慰。吹毛求疵就像闪电，常会侵袭最高处。也正是因此，就算是荷马，也免不了会有败笔②，所以你应该装作你的才智或勇气（但不是谨

---

① 希腊神话中的人物，长着很多眼睛，据说有一百只。

② 出自贺拉斯的《诗艺》，意思是说就算是荷马这样的大诗人，也有很多地方写得不好。

慎）也可能因马虎犯错。只有这样才可以平息恶意，令别人不再恶语相加。这就好像对待满怀妒忌的公牛时，你舞动红色披风，求得自保并能永垂史册。

84.善于利用对手

抓刀时不可以抓刀刃，会割伤手；但是如果拿刀柄，则刀就能防身。这个道理也适合比赛。智者在对手身上会发现很多用处，远多于愚蠢者从友人身上发现的用处。好意看作是畏途的危难之山，却常被恶意轻松除掉。很多人的伟大，都是他们的对手刺激而成。阿谀奉承比厌恶更阴险，因为厌恶使阿谀所掩盖的错误得以改正。谨慎者从别人罪恶的双眼中发现一面镜子。它远比满是爱心的镜子真实，可让人纠正、减少缺点。不管谁面对凶恶的对手时都会非常谨慎。

85.不要做变牌

不凡的事物会被过多使用。人们都倾慕某件东西，就容易为它苦恼。一无是处不是件好事，但是对万物都有用则更坏。有些人因为常胜而失败，立刻像被人仰慕那样被人鄙视。这样的变牌在各种完美里无处不在。他们丢失了开始时被看作唯一的声誉并被视作平凡。预防极端的妙方就是以中庸为限显示其才能。应当努力追寻完美，可展现时要适度。火把越亮，消耗就会越多，照明的时间就越短。想得到真正的尊崇，就要让人感觉你罕见。

86.制止谣言

人是一种有很多头的怪物,长着很多双编造恶意的眼,很多只编造谣言的舌头。有时候谣言四起可以把很好的声誉毁掉。假如它像绰号般依附于你,你的美好名誉将荡然无存。人们常对一些特别的弱点,或者一些可笑的污点产生好奇——因为这些均可以当作私聊的好题材。有时候对手对我们心存妒忌,会奸诈地捏造出这些污点。卑贱的嘴说出的玩笑话与可耻的谎话相比,可以更快地将名声玷污。得到坏声誉很简单,因为人们对坏事容易相信且难以忘记。使审慎者会避免这些,关注那些粗俗无礼的言谈,因为防病比治病好百倍。

87.知识和素养

人生而野蛮。知识让人居于动物之上。知识让我们成为真正的人——越有知识,人也就越伟大。因此希腊人把宇宙中别的人称作"蛮人"。无知相当于野蛮和鲁钝。只有知识最能使人开化。可是才智如果没有经过碾磨也会变得很粗糙。不但我们的理解力,还有我们的渴望,特别是我们的谈论,都应有素养。有些人在他们内在和外在天性里,在他们的概念、言谈、身上的饰品(如树皮等)和精神的天性(如果实等)里,都流露出天然的素养。还有一些人则非常粗鄙,他们以让人无法接受的粗鄙侮辱了一切,甚至他们的好品质也不例外。

88. 要待人爽快

立志应当高远。伟人一向都很大气。当你跟他人谈论时，特别是交谈让人不开心的话题时，你不必面面俱到。对有些事应当注意，可是也应该随便一些。将交谈变成没有条理的问话非常不好，应当展现出非常礼貌的、高雅的非凡气度。这是一种风范，掌控他人的一个秘诀就是装作对事情毫不在意。应当学着无视你的友人、熟人，尤其是敌人身上发生的大部分事情。太过谨慎会让人不开心。假如这是你的一部分秉性，你就会常让人厌恶。心中念念不忘让人不高兴的事是一种病态。要懂得，人们多依本性做事：与其气度和才干相关。

89. 审视自身

审视自己的性格、才智、情感和决断力。假如你不懂自己，你就无法掌控自己。镜子能拿来照脸，然而唯一能用来审视自己精神的，只有英明地自我反省。当你不会再为你的外表而忧虑的时候，就要尝试着去改善和提高自己的内在气质。为了做事时更英明，你应准确权衡自己的精神和才干，思考你将如何应对挑战，测试自己的智慧和深度。

90. 长寿的秘诀

愚蠢和堕落是致使生命逝去的两个因素。有人由于不知道应怎样去挽救生命而死亡，而有些人则是由于不愿去挽救生命而亡；就像美德是对它本身的回报，邪恶是对它本身的惩罚一样。终生在邪恶中度过的人，生命异常短暂；但是善者却会得到永生。精神的能量传到了肉身，使美妙的生活不仅充满善意，还有了拓展。

91. 应三思而行

假如某人在做某事的时候会预先感觉到不能成功，就会被旁观者清晰地看到这一点；当敌人是旁观者的时候，他将看得更清晰。当你的决断在情绪波动中犹豫不定时，镇静下来后你会觉得那很愚蠢。当你在不确定一件事情是否英明的时候就去承担它是很可怕的。更可靠的办法就是什么都不做。谨慎不会只看重可能性，因为它一直在强大理智的掌控之下；假如某事在计划时就被审慎斥责，它就不可能有好的结局。就算是被仔细审核后全部通过的决定也有可能错误，所以对于那些被理智质疑和指责的事情，我们又怎能有期待啊？

92. 应有非凡才智

这是言谈的最高法则，你的位置越高高在上，此法则就越是重要。一盎司谨慎比得上一磅的智慧。稳健地前行比博得粗鄙地欢呼更关键。谨慎的名声是你可以博得的最好的赞扬。假如你让谨慎者深感满意，就足够了，他的认同就相当于预示成功的试金石。

93. 多才多艺

各个方面都非常完美，他就可以跟很多人相媲美，他使生活无时无刻不洋溢欢乐，并将快乐传播给友人。多样化和完美让生活中充满快乐。

知道怎样去珍惜美的事物堪称一门艺术。既然大自然让人成为世间万物的精华，那就使艺术借助对人的趣味和才智的锻炼成为整个宇宙吧。

94.高深莫测的天才

假如审慎者想要受到他人的敬重，就不该使他人看清楚他有多少才智，有多么勇敢。使他人知道你，但不能让人们看透你；无人能看清楚你天赋的边限，也就不会有人感觉失落。使别人揣摩你到底有多少天赋，以至于对你的天赋产生怀疑，比表现你的天赋——不管你有多少天赋——更会使你博得他人尊崇。

95.使期待常在

要一直让他人对你抱有期待，并使期待越来越高，他人因你的宏伟功业而期待更为宏大的成就。别刚开始就显露你的一切。把你的能力和学识很好地隐藏起来是你的技巧，你应该缓缓地靠近成功。

96.杰出的决断力

杰出的决断力是理性的重要环节，审慎的基础，有了它以后你才可以轻易成功。它是上天的赏赐，是首要的，同样也是最美好的。杰出的决断力堪称我们的盔甲，没有它，我们就会被别人说成愚蠢；缺了它，我们也会损失很多。我们的一切生命活动都需要凭它指挥和认同，因为所有的事情都要凭借智慧。它生来就偏向所有跟理性最相符的最不伤体面的事。

97.做名人并且维护自己的声誉

人们都喜欢声誉,可是声誉得来并不容易,因为声誉源自稀少的卓越,就好像平庸非常普通一样,一旦你得到了它,就非常容易维护。它需要实现很多诺言,还要做出很多功绩。如果它源自贵族之身和高尚的言行,那么就会具有威武之气。实至名归的声誉才是可以真正久远的声誉。

98.掩饰你的想法

激情乃精神之门。最为实用的学识在掩盖下存在。将自己的底牌亮出的人很有可能失败。不能让别人的关注打败你的审慎和仔细。当对手犹如山猫般窥探你的心思时,你就要如同乌贼般喷墨掩饰自己的心思,不被他人发现,不可使别人预见你的心思,也不能让别人妨碍或窥探你的心思。

99.真相和表面现象

世间万物的表象和真相时常相差甚远。人们通常只局限于事物表面的影像,极少有人透过表象去探求真相。想要做正直的君子,却又满脸凶恶,是不能成功的!

100.莫要沉迷于幻想和谎言

不沉溺于幻觉和欺骗之中的人堪称德智兼备,是尊贵的哲人。然而不能只重表面,也不能夸耀你的美好德行。虽然哲学是谋求才智的主要方法,但它已然不被人尊崇。审慎的科学也不再被人们尊崇。塞内加将哲学引到罗马,还一度引起贵族的蜂拥效仿,而今人们认为它百无一用,惹人厌恶。审慎的重要因素就是不虚伪,这也是正人君子的一件乐事。

格言101~120

101.世界上一半人在讽刺另一半，其实他们全都是傻瓜

事物是好是坏，是由你看待它们的态度决定的。一个人所追求的和另一个人所厌恶的很可能是同一个事物，以自己的标准去审视一切事情是愚不可及的。完美不等于只是满足一个人：人脸上的神态表情各不相同，个人的兴趣也是如此。你觉得不怎么样的事物，可能会受到其他人的喜欢。不要仅仅因为它无法让某些人高兴，就对一个事物抱有不好的看法，毕竟喜欢它的人还是存在的。自然，他们的欢呼也会为人所诟病。某些名人的认同才是让人满意的标准，因为他们知道事物的等级是如何判定的。人的一生不应该为一种意见、一种习惯或是一个世纪的行为规范所束缚。

102.上天赐予的洪福必须有大气度来承受

大的喉咙是小心翼翼者所应该具备的器官，才华横溢者的喉咙也一定很大。倘若你手中掌控着最好的运气，那么就不要只想着享受普通的运道。同样的东西，会让有的人填饱肚子，却也会让另一些人仍然感到饥饿。一些美味佳肴因为有的人没有食欲而被浪费：这些人天生就与高官显爵格格不入，纵然之后进行了学习也依然无法适应。他们与人交往，时间长了关系就一定会变坏；在虚假的荣誉面前，他们会迷失方向，以致最终丢掉荣誉。他们身居高位就头脑发昏，好运降临常常就心志不清，这是因为他们的胸中根本没有好运的立足之地。对于到来的好

运总能包容，对于所有可能使他狭隘的东西总能谨慎躲过，这样的人才会令人尊崇。

103.每个人都应具备与自己相适应的尊严

虽然无法做到人人都是国王，可不管你的社会地位和条件如何，你都应该以王者的标准来要求自己的言行举止。你应该带着王者之气去面对所有的事情，要让自己的行为和心灵变得高尚。假如你无法成为现实中的王者，那你就要争取具备王者的品质，因为你的正直才是真正的王者气质所在。倘若你可以按照伟人的标准去行事，那你就可以平静地面对其他的伟人。那些围绕在王者周围的人尤其需要具备一种真正高尚的品质。他们身上体现出的应该是和王者一样崇高的道德风范，而非表面的排场。崇高而实在的东西，而非浮华，才是他们应该追求的目标。

104.要清楚做好一项工作需要哪些条件

工作与工作是不同的，只有具备了知识和洞察力才能明白工作的多样性。所以工作的需求是不一样的，有的需要勇气，有的则需要细致。最简单的工作只需要诚实就可以完成，而最难的工作则需要奇思妙想。对于才能，前者要求不高，自然就行；而后者还要不同程度的专注和警惕。统治人是件难事，管理傻子和疯子更是难上加难。只有具备了双倍的才智，才能管理好那些一无所有的人。天天做着同样的事，还得全身心投入，这样的工作没有人可以忍受。那些既重要又不会让我们感到厌倦、富于变化、能够不断更换我们品位的工作，才是更好的工作。依赖最多或最具有独立性的工作是最让人们尊敬的工作。最辛苦的工作自然是最差的工作，不仅没有结束的时候，而且越做越辛苦。

105.不要让人生厌

切忌一个话题翻来覆去地说，这样会被成见所束缚。简洁让人喜欢，顿生好感，而且可以事半功倍。虽然它略显轻率，但可以通过礼节得到弥补。简洁不仅可以让好的事物更好，还能阻止已经糟糕的事物继续变糟。与其多而杂，不如少而精。大家都知道，身材高的人才华往往就很一般，高大的身材就好像烦琐的话语。一些人不能给宇宙增加荣耀，却可以搅得四邻不安。人们都远远地躲开他们，就像躲避废物一样。谨慎者要尽量不要让人生厌，特别是对那些忙碌的大人物。让这种人发怒或许比让其他所有人生气更糟糕。说话高明就是指说话简洁。

106.不要拿出你的好运来炫耀

自傲常常引起别人的厌恶，特别是因为高官显爵而自鸣得意更让人厌恶。切忌在人面前显出一副"伟人"的样子——这很让人反感，也不要由于得到别人的羡慕而目中无人。你越是处心积虑地去获得他人的尊敬，结果就越不如你所愿。你是否值得人去尊重才是你得到别人尊敬的关键。歪门邪道是行不通的，只有你名副其实，再加上耐心地等待，才可以成功。与职位相适应的威仪和礼仪风采是获得重要职位的条件，而你要具备的只有两样：职位要你具有的东西和你用来完成职责的东西。做任何事情都应该顺其自然，不要一味地不计后果。那些体现出很强的苦干精神的人反而会让人觉得他的能力不足以应付他的工作。倘若你希望成功，那就靠你的天赋，不要靠你徒有虚名的外表。就算是一个国王，他赢得人们尊敬的原因也应该是他本就值得人们这样做，而不是他那浮华的排场和其他相关因素。

107.不要将你自满自得的神态显露于人前

不要一辈子总是不满意自己的表现，这只能说明你胆小怯懦；也不要洋洋自得，这只能反映出你的愚蠢。自我感觉过于良好本质上与无知无异，它虽然可以带来一种傻瓜般的幸福感，让人一时陷入快乐之中，然而事实上，却往往会让你的声誉受到损害。它之所以总沉浸在自己的庸碌中，是因为它无法知道别人是如何完美。警告总是有用的，它既可以让事情顺畅地进行下去，也可以在事情发展不顺时带给我们一丝安慰。倘若你对磨难早已诚惶诚恐，那么磨难真的出现时，你反而会有恃无恐。荷马也有犯糊涂的时候，而失败则把亚历山大从自欺欺人中拯救出来。事情因环境而改变，它有时会助人，有时则会害人。可是，最空虚的满足依然能让一个手足无措的傻瓜从中感受到花一般的美好，并能找到更多的满足。

108. 成为一个理想的人的捷径

让合适的人围绕你,向你靠拢。与人交往可以产生奇迹。对于人与人之间进行的不同习惯、旨趣,乃至智力的传递,我们其实毫无知觉。办事果断的人应结交优柔寡断的人,其他气质的人交往时也应像他一样。这样的话,无须刻意追逐,就可以做到正好。自我调节是很讲究技巧的。对立面的交替不仅让宇宙变得十分美丽,还推动它不停地运转下去。而这种交替给人的性格带来的和谐甚至比它给自然界带来的和谐更大。你可以将它作为一种指导思想来帮助自己选择朋友和随从。截然不同的两极进行交往,可以产生一种小心翼翼的中庸之道。

109. 不要斥责他人

有一种人,脾气十分暴躁,不论何事,到了他手中就会变得像滔天大罪那样不能宽恕。这种做法并不是因为他们一时的暴怒,而是他们生性如此。他们会因为一个人曾经做过或者即将要做的某件事,而对这个人进行斥责。与残酷相比,这种性情更让人厌恶,可以说是糟糕到了无以复加的地步。他们对别人的责难竟是如此的夸张,居然可以将一个芝麻大的问题说得像西瓜那样大,并因此彻底否定了别人。他们如同没有人情味的工头,天堂到了他们手中也能被糟蹋成牢房。所有的一切都被他们狂暴的脾气推到了极端。而性情好的人则能对所有的过失予以赦免。他们会坚持说别人的出发点是好的,或者错误只是一时疏忽才造成的。

110.不要等到自己成为落月残阳

聪明的人对这样一句格言深信不疑：你抛弃事物，不要让事物抛弃你。即使是你的末日，你也应该争取获胜。太阳偶尔会将自己藏在云彩的后面，这样人们就无法看到落日西沉的景象了。我们会为此感到奇怪：它到底落山了没有？要防止日落，这样厄运的降临就不会让你的精神支柱在一瞬间坍塌了。不要等到无人理睬你、人们害怕躲不开你时：当你不再享有盛名时，他们会活活折磨你，让你的后半生在悔恨中度过。聪明的人不会眼睁睁地看着他的赛马在比赛中途颓然倒下，而遭受众人的嘲笑，他会选择一个恰当的时机让它退役。让美人选择合适的时机将她的镜子砸烂吧，如果美丽的容颜逝去之后，曾经的美人无法接受镜中的自己时，后悔就来不及了。

111.要有朋友

朋友可以说是你的另一个生命。一个人会将他所有的朋友都看成是善良、聪慧的。当你有朋友相伴时，任何事情都会变得很顺利。在其他人眼中，你的价值是由他们对你的期望或认定所决定的；只有他们发自肺腑地喜欢你时，才会夸赞你。打动一个人最好的方法是帮助他；而要赢得朋友，最好的方式是像一个朋友一样去待人接物。我们所拥有的绝大多数和最好的那些东西都与他人密切相关。你要么和朋友相处，要么和敌人结伴，除此之外再无其他选择；每天都结交一个朋友，即使他无法做你推心置腹的密友，起码也会给予你支持。要认真挑选朋友，因为他们中的一些人将会成为你信赖终生的伙伴。

112.要博取别人的善意

即使是高高在上的造物主也毫无例外地以此为原则来处理最重要的问题。一个人正是因为获得了其他人的好感，才会赢得好名声。对自身能力的过度迷信致使一些人不再重视勤奋的作用。但聪明的人明白，倘若除了自己的能力之外，还能得到他人的帮助，就会如虎添翼，可以收到事半功倍的效果。很多事情都会因为别人的善意而变得容易，人们还会从这种善意中得到自己缺乏的一切：勇气、诚实、智慧，甚至还有谨慎。假如它不愿意见到丑陋，那它就永远看不到。一般而言，它是以性情、种族、家庭、国家或职业的相似为依据的。他人的善意还可以将一些精神性的东西带给你，如天赋、支持、信誉和才能。虽然赢得他人的善意是件很难的事，可是一个人一旦做到了这一点，那么保住这种善意就很容易了。努力可以帮助你得到它，但你也必须掌握运用它的方法。

113.在你走运时就要做好时运不济的准备

聪明的举措是在夏天就储藏好过冬的物资，何况此时更容易准备。鸿运当头时，只要很少的付出就可以得到别人的恩惠，而且到处都有你的朋友。预先做好准备工作总是对的：遇到困境时，所有的一切不仅昂贵了许多，而且还有欠缺。拥有一群朋友和对你心存感激的人，某天你会发现，现今看上去无足轻重的人实际上十分重要。卑鄙小人受到命运垂青时没有朋友，因为他拒绝把别人视为自己的朋友；等到倒霉时，此话就得反过来说了。

114.不要和人争夺

和你的对手进行较量，会损害你的名誉。你的竞争对手为了毁掉你的声誉，会立刻动用各种方法去找你的问题。较量开始后，公正的原则就被双方抛之脑后。处于敌对状态的人轻而易举地就可以找到对方的弱点，而在他们礼尚往来时，这些不足往往会被忽视。在和他人形成对立关系前，不少人都始终保持着不错的名誉。

115.包容朋友、家人和相识的人的缺点

包容朋友、家人和相识的人的缺点就如同适应难看的面容一般。有可以依靠人的地方，不妨迎合一下。可是，一些品质恶劣的人，我们虽然和他们相处起来十分困难，却又离不开他们。因此和他们打交道时，一定要讲究技巧，就如同难看的人，见得多了自然就不会再害怕了。一开始也许我们会觉得他们很恐怖，慢慢地，畏惧的程度就会减弱。对于他们让人生厌的地方，我们除了谨慎防备，也要尽可能包容。

116.要经常与有原则的人来往

喜欢有原则的人并获得他们的赏识，即使他们不赞同你，也不会欺骗你。因为他们做事坦荡，因此说宁同崇高之人进行争夺，也不要对品质恶劣的人进行征服。品质恶劣之人做人很不负责任，因而我们往往拿

他们没有办法。恶徒之间是不会成为真正的朋友的。他们不讲道义，因此也就不能相信他们的话，虽然他们偶尔也会说一些动听的话。要离没有荣誉感的人远远的，因为既然他轻视荣誉，那么也不会重视道德。荣誉是正直的王座。

117.不要谈论自己

你谈论自己的原因，无非有二：要么是因为虚荣而自我夸赞，要么是因为自卑而责备自己。这会让你无法对自己做出正确的判断，也会受到别人的鄙视。这一点在朋友间很重要，对于身居高位的人来说更为重要，因为他要经常出现在公众场合，公开发表言论，只要他稍有一点虚荣的表现，就会被认为很愚蠢。当面谈论别人也不是什么聪明的做法。人们会觉得你是在刻意迎合或者语言蛮横，你可能会为此感到难堪。

118.要赢得讲礼貌的名声

礼貌是文化的精髓所在，充满了魅力，因而受到人们的喜欢；而粗鲁的言行只会招来人们的讥讽，让人感到讨厌。倘若你的性格既粗鲁又傲慢，那必定会让人憎恨；倘若你教养有问题，那必定会受到人们的蔑视。礼貌担心的不是过分周全，而是根本没有。其他事情亦然，没有礼节就会招来不公。假如对敌人能以礼相待，则十分可贵。待人以礼不是什么难事，却可以让人从中获得很大的益处：你尊敬别人，就会获得别人的尊敬。礼貌和尊敬的优越之处在于：我们以此对待别人，自己不会承受任何的损失。

119.不要让人讨厌

讨厌之心是个不速之客，常常不召即来，因此切忌让别人对你产生厌恶情绪。人们对他人的憎恨往往是在毫无特殊缘由的情况下产生的。与爱慕之心相比，它的产生更为容易；而报复的渴望程度，要远强过获利的愿望。一些人却希望令人讨厌：或许引起不快才是他们这样做的目的，或许他们原本就乐于此事。对他们而言，厌恶之心一旦产生，就会像不好的名声那样很难消除了。他们对判断准确的人充满畏惧，对满嘴恶语的人予以鄙视，对傲慢之人不屑一顾，对嘲笑他人的人心生厌恶，可对出众的人却选择宽恕。想受人尊敬就要尊敬别人；想获得褒奖就要褒奖别人。

120.生活要讲求实际

寻常实用是知识唯一追求的目标。纵然你才华出众，当众也依然要表现得一无所知。人的思维方式和人的胃口一样，各式各样。不要效仿古人的深沉，要和今人保持一致。最主要的是，要关注人数的多少。想要出类拔萃，首先就要跟随大众的品位。纵然过去更让人向往，可聪明的人依然会尽力调整自己以适应现在，不管是就包装思想还是包装身体而言。这个法则放到任何地方都有效，唯一例外的是善字，因为人每时每刻都要做善事。不少东西表面上显得老套死板，像说真话、守承诺，等等。善良的人看似只在美好的过去存在，却经常受人爱戴。这种人虽然有，但却十分稀少，多数人都不会学习他们。假如一个时代中到处都充斥着恶意，而善行却难寻踪影，那这个时代该是多么的悲哀啊！聪明的人仅仅是努力保护自己，即使无法尽如人意。希望他们更喜欢接受命运的安排，而非向命运索取！

格言121~140

121.不要自寻烦恼

一些人对一切都漠然视之,另一些人则想干预所有的事情。从后面这种人口中听到的总是所谓的重大事件,他们总是认认真真对待每一件事,每件事都要辩得面红耳赤,好像所有事情都神神秘秘的。真正让人烦恼的烦心之事又有多少呢?唯有傻瓜和庸人才会将小事放在心上,不能释怀。如果能做到置身事外、顺其自然,不少看上去很严重的事情都会化为青萍之末;倘若过于认真,原本无谓的小事也会变得沉重起来。只有果断行事才能让复杂的事情迎刃而解,要不然就会随着时间的延长,而衍生出许多麻烦来。有时,治病的药方反倒成了生病的原因。所以超脱豁达是人生的一大准则。

122.敏于言,娴于行

敏于言娴于行不但可以做到战无不胜、一帆风顺,而且可以快速赢得声望。它的这种作用不仅在与人交谈、进行演讲时体现出来,甚至在行路、观色以及申诉求告时也能明显感受到。真正的胜利是赢得人心。它的权威性不是铤而走险、做事拖拉能带来的,唯有那些才华出众、品行高洁的人的崇高品格才可以产生。

123.装模作样的人不是君子

才能越大的人越不会掩饰自己。装模作样是一种广泛流传的通病,它不仅会连累别人,也会使自己不堪重负。装模作样者本人也会因为长久处于惶恐之中而倍感痛苦，这是因为维护面子这一要求就像一副枷锁，长久地锁住了他们。就算是伟大的天才，也会被它弄得黯淡无光，因为世人觉得他们并没有天赋的兰心蕙质，他们只是在显摆自己的出身或巧妙的技巧，而大方自然比装模作样更能让人感到愉悦。世人认为，装模作样的人与他所模仿的天才根本不能相提并论。你越是技艺出众，就越应该隐藏自己的锋芒，如此才可以将自然天成的美妙乐趣体现出来。你也不能装成世外高人来阻止真诚情感的表达。谦谦君子应该对自己的功劳缄口不言。那些看轻自己功名的人，一定会得到他人的另眼相看。高人雅士中对自己的美德淡然视之的人就如同昆山片玉，他因为严格遵守自己定下的规矩而得到大家的称赞。

124.人心所向之人

世上很少有人能赢得大多数人心。倘若你受到了智者的垂青，那你真该明白自己有多么的幸运。世人常常瞧不起命乖运蹇的人。想要获得广泛的赞誉不是件难事，想让自己万古流芳的方法也有不少。你应做的是在工作中显山露水或者出类拔萃。有相同作用的还有风度翩翩的举止。当你的优秀的口碑变为别人对你的依赖时，人们就会说那个工作是属于你的，而不是你需要那个工作。一些人会给自己的地位添加上荣耀，另一些人则会依靠自己的地位而大幅抬高自己的身价。如果你与工作的匹配是因为你的继任者品质恶劣而体现出来的，那绝不是一件光荣的事。别人不得人心，说明不了人心都趋向于你。

125.不要对他人的过失念念不忘

　　一心只想着将他人的恶名宣扬开来，说明你也已经臭名昭著了。一些人喜欢将自己的错误归罪于别人的过失，以此来摆脱自己的罪名；或者对他人的失误进行讥讽以减轻自己的责任，这样的行为实在是愚蠢之至。此类人的呼吸臭不可闻，他们与藏污纳垢的阴沟又有什么区别呢？沉迷于这种做法的人，实际上是在挖臭水坑，他刨得越深，自己身上的污泥就越多。没有人不犯过错，要么是从父母那里遗传而来，要么是后天受环境影响所致。除非你默默无闻，否则你的错误肯定会为人知晓。正人君子从不会将他人的过失挂在自己嘴边，以免自己背上臭名昭著的恶名。

126.做蠢事的人算不上蠢，不懂得掩饰的人才是真蠢

　　遮掩你的错误比遮掩你的情感更为重要。人们都不是圣人，都会犯错，可是犯的错也存在着差别。聪明的人擅长掩饰自己的过错，愚蠢的人则会对他们还未犯下的错误自我吹嘘。所谓的名声，多数都是通过巧取善窃得来的，而与光明磊落的行为无关。假如你无法做到洁身自好，那我劝您说话、行事一定要慎之又慎。一失足成千古恨，伟人们的错误即使再小，小到针尖那么大，也如同日食、月食一样，很难不被公众雪亮、专注的眼睛发现。切记，不要将自己的弱点完全暴露给朋友，如果可能，自己的事情什么也不要说。同样适用这一理论的处世之道还有：

学会忘记。

127. 做任何事情都要沉着洒脱

沉着洒脱地去面对一切事情，能让有才华的人充满生气、妙语连连，让大智慧者具有独特的风采。有了其他许多美德的修饰，大自然更显雄伟秀丽；而翩翩风度，则会让君子的美德放射出更加璀璨、耀眼的光芒，甚至抽象的思维也会因为它而给人带来更大的愉悦。优雅的风度是天生的，而非后天所得。对各种艺术法则而言，它甚至是不可企及的。单凭技巧的人被它抛于身后，而它就算是后发也会率先到达，让许多的捷足者难以赶上。有了从容不迫的风韵，人的自信心得到增强，美德也因而如虎添翼。假如没有优雅的风度，即使有闭月羞花之貌，躯体也仅仅是空壳一个，虚有其表的实质是一本正经的外表所掩饰不了的。洒脱的风度超然物外，在它面前，显赫的功名、谨慎的言行，甚至是帝王之尊都黯然失色。这是成功的捷径，也可说是摆脱困境的良药。

128. 崇高的品格

英雄气质有很多必备要素，其中之一就是崇高的品格，因为它可以让人产生多种伟大的情怀。有了它，人的趣味更多了，心胸更宽了，视野更广了，修养更高了，人们会以堂堂之风做他们想做的事。无论在哪里，它的出现都会引起人们的关注。幸运之神偶尔也会突然心生妒忌，意欲将它抹去,可是它却会气宇轩昂地脱颖而出。就算是在严酷的环境中,它也可以将意志掌控在自己手中。豪爽、慷慨及其他一切优秀品质都从此而来。

129.永不抱怨

抱怨总会让你的名誉受到损害。这种做法不仅不会让你得到别人的同情与劝慰,反而还会招来激情冲动和高傲无礼,并会让我们所抱怨的人成为那些倾听我们抱怨的人的模仿对象。只要在人前将抱怨表达出来,好像他人对我们的伤害和侮辱就可以得到饶恕。对过去损污的抱怨会让未来也得到损污。抱怨者想得到帮助和安抚,可聆听者却只会觉得畅快,甚至蔑视。最好的方法是,用你对他人恩惠的赞美来获得他们更多的恩惠。你讲述那些不在场的人让你受益的过程,正是要求那些在场的人向那些不在场的人学习,你会获得同样的感谢。聪明人的做法是闭口不提羞辱或轻侮,只谈论别人对他的尊敬。这样,他不仅会得到朋友,还会减少一半的敌人。

130.实干之余,也要学会表现

人们判断事物的依据,不是它们的实际样子,而是它们看上去是什么。除了能干,还得明白体现自己才能的方法,这才是加倍的能干。看不见差不多就等同于不存在。道理在没有贴上合理、充足的标签时,是不会被人看重的。谨慎者是少数,多数人都是容易上当受骗的。到处都充斥着欺诈行为,仅凭其外表就做出结论是不现实的,因为极少有名实相符者。好的外表是达到内在完美的最好工具。

131.胸怀气量

灵魂有自己美丽的服饰,那就是能让人灿烂夺目的精神上的洒脱与豪迈。这种胸怀不是每个人都有的,因为胸怀需要慷慨的气量。首先要做到的是,就算是对对手也毫不吝惜赞颂的语言,在行动上则要更为宽容。当为己复仇的机会出现时,这种胸怀之光就更加耀眼。对于此种情形,它没有逃避,而是为己所用,用出其不意的慷慨义举代替了可能的复仇行为。驾驭之术的妙处就包含在这中间,这是政治的至高境界。它从不将它的成功拿出来炫耀,从不装模作样,就算是靠本事取得的成功,它也知道如何不被发现。

132.慎重地思考

要做到十拿九稳就必须翻来覆去地检查,特别是在你毫无把握的时候。妥协让步也好,改善境况也罢,都需要花些时间,才能够找到新的方法来证实并确定你的判断。如果事情与给予有关,一件礼物在聪明的馈赠中比在匆忙的脱手中实现的价值更高。盼了很久都得不到的礼物,总会受到人们的珍惜、重视。假如是拒绝某件事,你最好多关注一下你的态度,让你的"不"字再慎重一点,如此就不会显得过于冷酷。愿望的热度会在时间的流逝中慢慢降低,所以拒绝才会易于被人所接受。如果有人很早就提出了要求，那你就将承诺的时间推迟一些。这种方法可以用来控制他人的兴趣。

133.宁与人共醉，不要我独醒

政治家说：宁与人共醉，不要我独醒。如果大家都醉了，我会与大家同醉；如果唯我清醒，就会被看成是疯狂的行为。重要的是要随波逐流。有些时候，一点都不懂或装着一点都不懂就是最好的办法。因为我们只能和其他人一起生存，而他们中的多数又都是愚昧无知的。假如一个人生活，可能会出现这样的情况：或像神仙那样大公无私，或像禽兽那样粗暴野蛮。可我却乐意对这句格言进行修改，并宣称：宁与人共醉，不要我独醒。一些人我行我素，只是为了去追求那些虚无缥缈的事物。

134.加倍贮存你的生命必需品

加倍贮存你的生命必需品，你的人生将会因此而变得更加丰富。无论一种事物或资源是如何的珍贵，如何的出众，都不要将它们作为唯一的依靠，让它们限制住你。所有的东西都应该翻一倍，特别是利益、恩惠、趣味这类的东西。善变是月亮的天性，所以它才无法长久。可是，那些依附于脆弱的人类意志生存的事物却是最变幻莫测、无法琢磨的。要防备千变万化，只有多做些储存。将可以使你幸福、带给你利益的资源翻一倍，是一个伟大的生活准则。手足是我们最重要的器官，大自然让它们成对出现在我们的身体上,所以我们也应该将我们赖以生存的事物以人力之法加倍贮存起来。

135.不要唱反调

唱反调的人,结果只能是自己累、他人恨。智者应想办法控制这种行为。对所有事情都持有不同意见的人,虽然有独到的见解,可若是一意孤行的话就与傻瓜无异了。原本亲切的谈话因为这些人而成了一场舌战,对他们的朋友来说,他们更像敌人,而不是陌生人。当饭菜吃得正香的时候,却为硬骨头难啃争论起来,辩驳的结果往往是让人扫兴。这些人是一群无情、可恶的傻瓜。

136.抓住事物的关键

要抓住周围事物的关键。不少人只看到局部,而没有看到整体;或者找错了对象,虽然滔滔不绝地谈论着,也做了不少推理分析,可是这些都是无用的,因为没有抓住事物的核心。他们不停地转来转去,将自己和他人折腾得身心俱疲,却根本说不到重点。思维混乱、思路不清的人多是这种情形。他们将自己的时间和耐性浪费在了那些最该舍弃的事务上,所以就没有时间和耐性来解决那些重要的事务了。

137. 智者自足

聪明的人随身携带的,就是他的全部[1]。一个朋友——一位学识渊博的人[2]——就可以将罗马和宇宙的其他部分都代表了。你成了这样的智者,就可以独自生存了。假如他人没有高于你的修养和智慧,你就没有留下他的必要了。你将成为自己的依靠;和最高的存在融为一体就是最大的快乐。不能将单独生存的人与野蛮人等同起来,从某种程度上来说,在很多方面他是一个聪明的人,在所有方面他都是一位神。

138. 顺其自然的艺术

尤其是在你人生的大海——众人、朋友及熟人——兴风作浪的时候。人的社会生活拥有属于自己的潮起潮落、风起云涌,聪明的做法是躲到一个平静的港湾中,等待着狂风巨浪自然退去。事情往往会因为你的应对而变得糟糕不堪。顺其自然是解决所有事情的方法,天道、人道也无一例外。聪明的医生懂得开药方的时机,有些时候不开药方更能反映出医生的水平。有时冷眼旁观才是解决世间纠纷的好方法。假如你现在暂且退让一步,以后你可能会征服他。弄脏一条河流不是件难事,可要让浑浊之水变清,却不是轻而易举就可以实现的,唯一的方法是任其自清。治理乱世,最好的方法莫过于等待它自己回归正道了。

---

[1] 一场大火让希腊哲学家麦格拉人斯蒂尔芬失去了妻子、儿女和所有的财产,他从废墟里站起来,说道:"我所有的财富都在身上了。"

[2] 指罗马政治家兼士兵的老者坎托,西塞罗曾对他的能力和交友进行了赞颂。

139.人有走"背"字的时候

总会有倒霉的时候，那时所有的事情都不会顺心。无论你是何人，总会有不好的运气存在。做几次运气的试验，假如看不到好转的希望就果断舍弃。甚至人的理解力也是如此：能随时洞察一切的人是不存在的。无论是清晰的思路，还是写一封好信，都需要好运的眷顾。一切完美都是在特定的时间出现的，更进一步说，不是每个季节都有美丽存在。你还不是小心翼翼的状态，或是过分小心，或是还不够小心。所有的事物都得借助一定的机缘才能得到完美的呈现。一些日子，没有一件顺心事；而其余的日子，即使不努力也事事称心：你会发现，做所有的事情都是轻而易举，思路顺畅，神志清晰，心情舒畅，你就是自己的幸运星。这种日子你要完全利用起来，不要浪费一分一秒。然而，假如你因为一件事没有让你称心如意，就觉得一天都没有意义，这是很愚蠢的，相反，也是同样的道理。

140.任何事情都取其精髓

拥有了良好的品位，就会终生充满快乐。蜜蜂按照路径寻找用来酿蜜的花粉，蝰蛇则到处搜寻用来制毒的苦物。人们的品位是有差异的，一些人以美好的精华为追逐目标，一些人则以丑恶的糟粕为追逐对象。世间一切事物，都有自己美好的地方，尤其是书，书的美妙之处需要借助想象力来体会。一些人异常挑剔，一千种美好的事物也能被他们挑出一处不够完美的地方来进行指责，并被他们歪曲夸大。他们专门收集强者和智者的垃圾，缺点和失误重重地压在他们的肩膀上：他们只会对强者和智者的缺憾进行责备，却看不见其完美的地方。他们很不幸，因为与他们相伴的只能是苦涩、缺点、遗憾。有的人则拥有让人愉悦的品位：他们可以从一千种遗憾中找到幸运之神带来的一丝完美。

微信扫码
☑拓展视频 ☑图文资讯
☑趣味测评 ☑阅读分享

格言141~160

141. 不要一意孤行

假如你无法让他人高兴，自己开心了又有什么用呢？自满只能得到轻视。将自己作为放债的对象和欠了别人的钱没有什么区别。高估自己、自以为是、一意孤行实际上不会有好的结果。自言自语是疯狂的行为；当着别人的面一意孤行，则是疯狂之中又增添了傻气。有的人给自己留下了后退的余地，不停地征询别人的意见，"我说的对吗？"或者"你知道吗？"他们希望从别人那里得到赞扬或肯定，以促使自己怀疑自己的判断。说话时得到回应也是爱慕虚荣的人的爱好，他们在闲谈时希望有人给自己叫好，而满足了他们的心理需求的是那些嚷嚷着"说得好！"的傻子们。

142. 不要因为死钻牛角尖而给过失辩解

千万不要仅仅由于你的对手刚好抢先一步选择了正确的那面，你就陷入顽固不化当中去，这会使你未战先败、含恨退出。错误、邪恶永远打不倒善良。对手是凭着他的狡猾才将最好的东西率先抢到手中的，而你如果为此袒护最坏的，就不是明智之举了。与强硬的言辞相比，固执己见的行为则更加危险，因为承担的风险要大于说的风险。因为粗俗、愚昧，所以顽固不化的人喜欢辩解而丢弃真理，钟情于争论而不计效果。小心翼翼的人要么因为预料到了理智的益处，要么因为事后对自己的观点进行了改正，所以总是保持理智，不做冲动之事。如果你的对手愚蠢，他就会调转方向，改变立场，从而坏了自己的事。你只要占领了制高点，就能将他打倒。他会因为自己的愚蠢而将优势放弃，因为自己的固执而招致失败。

143.不要为了免俗而进行诡辩

流俗和诡辩都会对名誉造成损害。所有会给我们的尊严带来危害的行为都是愚蠢、鲁莽的。诡辩的实质是欺骗，乍一听，它似乎很有道理，而且人们会因为它的刺激、新奇而感到胆战心惊。可是之后，当它露出本来面目的时候，它就会自取其辱。它的伪装自有它吸引人的地方，这种吸引力在政治上可颠覆国家。一些人无法在世人面前显示出自己的德行，便开始了违背道理、人情的诡辩。蠢笨之人因为它而让人倍感惊奇，聪慧之人因为它而成为先知先觉者。诡辩不仅将自身不够完善的判断力暴露了出来，还不懂得谨言慎行的道理。它以虚假伪善和变幻莫测为基础，把自尊放到了危险的境地。

144.以忍让发端，以获胜终结

有了这一策略，你就可以得偿所愿了。纵然是关系到上天堂这样的大事，基督教的导师们也会将这一妙计大力推荐给你。这种遮掩十分重要，因为在它的帮助下，别人的意志可以为你所掌握。你先做出以他的利益为重的样子，而其实这是在为你自己的利益铺路。本末倒置、手忙脚乱、凌乱不堪是做事的大忌，特别是碰到那些有风险的大事。要谨慎对待那些将"不"字挂在嘴边的人。对他们要掩盖自己的目的，让他们感到说"是"其实很容易，这才是最佳方法，尤其是你已经明显感受到他们的抵触时，更应该这样。可将这则箴言和那些涉及掩盖目的的箴言放到一起，它们都需要一样绝妙、细微的技巧。

145.将你受伤的手指藏起来，要不然它会四处碰壁

要牢记，不要埋怨诉苦。我们的痛处或弱点总会成为恶毒谣言的靶子。你意志消沉、精神颓废的样子，只能沦为别人的笑柄。险恶的用心会用尽各种手段来激怒你，它拐弯抹角，找到你的痛处，然后想方设法来刺痛你的伤口。如果你是聪明之人，就应该不去理会那些居心叵测的暗示，并且把你自己或家族的忧愁深深地隐藏起来，因为就算是命运女神偶尔也喜欢往你的伤口上撒盐，并常常是直接以你早就痛苦不堪的地方为目标。那些被你视为耻辱的东西或那些对你有激励作用的东西，你都要藏得十分隐秘，以防止前者没完没了，后者不复存在。

146.透过现象看本质

世事常常与它表现出来的不一样，愚昧的见识仅仅是它的表象；人们往往在进入事物内部之后，会立刻产生一种幻想破灭的感觉。世间万物，都是欺骗在前，愚蠢紧随在后，将它们的庸俗完全表现了出来。事实常常迟到，它与时间一路颤颤悠悠、缓步前行，最后才到。小心翼翼者懂得在为自然母亲将双耳赐予自己表达感激的时候，往往留下其中一个来聆听真理。欺诈很肤浅，可轻浮的人还在不停地向它

靠拢。识别真相需要退隐静观，所以聪慧之人和小心翼翼者从来都不急急忙忙地下结论。

147.不要拒人于千里之外

没有人可以达到完美，所以每个人都需要别人适时的忠告。对他人的意见置之不理，不仅愚蠢至极，而且无可救药。就算是最我行我素的人，对善意的劝告也应关注一下。纵然是九五之尊的帝王，也是很乐意吸取他人的长处的。有的人不容易靠近，而且已形成的陈规陋习根深蒂固，所以他们往往在失足时，由于缺乏敢上前扶助的人而摔倒在地。就算是最冥顽不灵的人也应该打开友谊的大门，让友善的帮助进入。我们都需要一位诤友，他能够对我们随意地进行斥责，对我们提出忠告。我们给予他信任，对他的忠实和审慎表示尊敬，所以将这项权力授予他。我们绝不会对每一个人都滥用我们的尊重和信任，可是，在我们的心底，我们需要一位可以和我们赤诚相待的知己来做自己的参照，假如我们对他给予足够的重视，就会躲过欺诈之苦。

148.善于言辞

谈话可以体现出人的真实品质。它是人类活动中最需要小心对待的，因为再没有比它更普通的人类活动了，但它却决定着我们的成败。书信是另一种形式的交谈，它是经过三思之后用文笔表达出来的，我们应小心对待；更要谨慎对待的是实际谈话，因为它可以即刻检验出慎重的结果。只要人们的嘴唇一动，那些行家就可以洞悉他们的想法。先哲说："听其言，即知其人。"在有的人眼中，没有艺术就是谈话的艺术所在，如同穿衣服，宽松舒服即可，这种情形往往存在于朋友间的闲谈中；而到了更为高雅的环境中，谈话就显得很高深了，随时都有透彻、精辟的观点传达出来。想要使谈话成功，就得适度改变自己以同对方的气质、学识形成默契，绝不能对别人的语言挑三拣四，要不然别人就会怀疑你是搞语法研究的了；或者比这还糟，将你视为句子检查员。这就会让别人产生敌意，有意回避你，而你也不能与人交谈了。另外，与口若悬河的口才相比，审慎的语言更为重要。

149.勇于承担过错

错处当前，人往往先是缩一缩脖子，继而眼珠一转，便要将那过失推给旁人。然而真能担起过错的人，却显得格外不同。他们不躲不闪，径直将错误揽到身上，竟像是接过一件寻常物件。认错时，眉头不皱，声音不颤，倒让旁观者生出几分敬意来。认错不是示弱，反是强者的行径。那些敢于直面过失的人，骨子里自有一份硬气。他们知道，错如荆棘，握得越紧，手固然会流血，但荆棘终究会被捏碎。

150.售货有方

只有精神品质还不够，因为不是每个人都可以做到慧眼识珠或以内在的价值作为追求目标的。人们常常随波逐流：他们去某地的理由，仅仅是别人也去那里。必须借助高明的手段才能将一件物品的价值体现出来：可以对它进行赞美，因为这能够激发人们购买它的欲望；有时也可以给它起一个好听的名字（但要牢记不要矫揉造作）。还有一种办法是宣称此货只出售给内行人，因为所有人都认为自己是专家，就算不是，他们也乐意自己是。绝不要夸耀货物的简单普通，这只能让它给人留下低俗、易得的印象。所有人都以别出心裁作为追求的目标，它可以同时引起品位高雅之十和学识不俗之人的兴趣。

151.要制定长远规划

今天为明天定计划，甚至给数天后定计划。未雨绸缪是最高明的远见。凡是预先得到警告的，就不会被灾难打倒；凡是事前做了准备的，就不会出现困境。不要出现了困难才开始运用理智，而要用理智来预知还未发生的困难。等到困难出现时，还需再次慎重、认真地思考。枕头是个务实的女巫，宁可彻底处理完事情安心入睡，也不要让心头萦绕的事情毁掉你的睡眠。有的人先做事，后思考：这种做法的目的是给失败找个理由，而不是探索成功的结果。还有的人事前不思考，事后依然不思考。人生就是不断思考如何实现自己的目标。提前进行预知，出现问题再进行认真、慎重的思考，这便是防患于未然的长久之计了。

152.不要和让你的才能相形见绌的人为伴

不管是什么原因造成的：他们出类拔萃也好，平庸无能也罢。越是完美的人所受到的尊敬也越多。倘若别人总是一马当先，而你只能紧跟其后，这样，就算你从人们那里获得了尊敬，它也不过是别人的残羹剩饭。月亮独自高悬天空，还能与群星一争高下，可是骄阳一出，它就立刻失去光泽，风光不再，甚至彻底难觅踪影。所以结伴时要选择那些可以衬托出你的光彩的人，而不是那些让你暗淡无光的人。正是由于这个原因，马歇尔诗中的法布拉才能在她相貌平平、不修边幅的女仆中显出她不俗的美丽，散发出耀眼的光芒，可谓十分聪明。不要庸人自扰，也不要进行自贬来给他人增光。

153.不要去填补巨人留下的空间

不要去填补巨人留下的空间，如果非得这样做，那你就得先确定一下自己是否具备承担如此重责所需的超凡的才能。要想不输于前人，你的才华就得是前人的两倍。要想从人们那里得到比后来者更大的赏识，则需要好好思索一番；而要想不被前人的光彩所吞噬，则更要有高明的方法。填补一大段空白极为艰难，因为人们往往拿过去来比照现在。先行者已将所有的优势占尽，所以仅仅和前人齐肩还不够。假如要褪去前人身上的光泽，那还要具备超凡的天赋。

154.勿轻信，勿轻受

只要你的判断力足够成熟，就不会轻信他人。谎言已经屡见不鲜了，那么就让轻信成为稀有之物吧。人们在忙乱之中草率做出的判断常常会带给人窘迫，并让人就此衰落下去。可是，也不能随意对别人的诚实表示怀疑。假如你认为某人是个说谎者，或者宣称你被他欺骗，那么你带给他的不仅是痛苦，还有羞辱。这种做法还会埋下更大的祸患：你对他人的怀疑会让人对你的诚实产生怀疑。说谎者受到了双重折磨：他既无法信任他人，也得不到他人的信任。小心翼翼的聆听者做决断时不会过于草率。就像一位作家[①]给我们的忠告：就算是爱情，也不能匆忙投入其中。人们可以说谎话，也可以做虚假的事情，后者往往比前者的危害更大。

155.要让你的激情收放自如

不管什么时候，都要尽量在思索和反思中对突发的激情做出预测，对审慎者而言，这件事易如反掌。心情烦躁之时，首先就要对这一点有清醒的认识。先将自己的情绪掌控住，然后再下决心不让情绪变得强烈。这种高明的防备之术，可以迅速将怒气抑制住。要明白制怒的方法，并且在应该停止的时候将它熄灭。在怒火中烧时保持头脑的清醒，就如同在奔跑过程中突然急停一样，是很难的一件事。情绪过于激动，不管到何种程度，都会对理智产生影响。只要对怒火有了这种警惕，你就不会被怒气冲击得失去控制，你的辨别力也不会受到损害。支配情绪时小心谨慎一些，就可以让情绪得到很好的控制。你将是马背上第一个

---

①指西塞罗，古罗马著名演说家。

理智的人，也可能是最后一个①。

156.选择朋友

严密的考察、命运的考验是选择朋友必经的步骤，你应当预先检验他的意志力和理解力，看看他是不是值得信任。这决定着人生的成败，却没有引起世人的重视。虽然多管闲事也可以产生友谊，可是机缘才是大部分友谊产生的根本。人们会以你的朋友为依据来对你的为人做出判断：聪慧之人永远不会和愚蠢之徒站在一起。愿意和某人结伴，说明不了他就是知己。有时候，一个人的才能无法给我们带来信心，可他的幽默感依然可以获得我们很高的评价。有的友谊虽然不够纯洁，却可以让人感到快乐；有的友谊不仅情真意切、内涵丰富，还可以酝酿成功。和许多人的祝福相比，一位朋友的见识要更为珍贵。因此选择朋友时要用心，不能随随便便。忧愁会因为聪慧的朋友而渐渐散开，忧虑则会因为愚蠢的朋友而越积越多。另外，如果你希望你们的友谊可以长存，那就不要总期望你的朋友升官发财。

157.不要认错人

这是最糟糕的受骗方式。宁可在货物价格上被骗，也不要在货物质量上受欺。这是最应该审慎细查的事。辨货和识人是有差异的。体察到别人的气质，辨别出他的性情是一门伟大的艺术。品读一本书就要读透彻，研读人性也是如此。

①西班牙有句谚语："马背上没有聪明的人。"

158.会用朋友

这要借助于技巧和判断力。一些朋友要近处，一些朋友则要远交。不善言辞的朋友或许长于写信。近在身边不能忍受的缺点可以被距离消除。交友不应该只是为了快乐，实用也应该成为追求的目标。一位朋友意味着一切。友谊具备了世间所有美好事物的三大特征：真、善、专一。好的朋友本就不易遇到，假如再不挑选，就更难得到。认识新朋友很重要，而维系老朋友的重要性则更甚。朋友应该选能长期交往的，倘若结识这样的人，今天的新朋友，他年自然就成了老朋友。那些结交很久，依然经常能带来新鲜感，并可以一同分享生活经验的朋友称得上是最好的朋友。没有朋友的人生如同一片荒原。因为友谊，快乐翻倍，痛苦减半；友谊是面对厄运的最佳良药，是能够滋润心灵的美酒。

159.学会面对蠢笨之人的忍耐之法

聪明的人最没有耐性，因为他们的耐性被他们的学识抵消了。取悦学识渊博的人是件很难的事。俄庀泰特斯对我们说：知道怎样承受一切是最重要的生活准则。在他看来，这堪称是智慧真谛的二分之一。巨大的耐心是忍受愚蠢的必备条件。有时我们最依赖的人却带给我们最深的痛苦，它帮助我们战胜自我。耐心会让我们的心灵获得最大程度的安宁，而心灵的安宁正是世间的幸福所在。倘若不知道怎样忍受他人的人还可以容忍自己的话，那他就应该独自生活。

160.慎言

　　和敌人谈话，要慎重；同他人谈话，要有尊严。说出来的话就像泼出去的水，出口容易，想要收回去却不可能。说话和写遗嘱一样，语言少了，争讼也就少了。如果在处理小事时注意谈吐，碰到大事后就可以从容应对了。秘密让人感到很神秘，但嘴快的人很容易就会将其说出去。

微信扫码
☑拓展视频　☑图文资讯
☑趣味测评　☑阅读分享

格言161~180

161. 清楚自己不容易丢弃的弱点

每个人都有弱点，就算是最完美的人也不例外。为什么弱点会如影随形地跟着人们呢？这是因为才智存在缺陷。智力高人一等的人，其弱点要么最多，要么最受人关注。不是他本人对这些弱点毫无察觉，而是它们颇受他的欢迎。这是两种恶结合的产物：对弱点怀有特殊的偏执的情感。它们是完美者脸上的黑斑，虽然不讨别人的喜欢，但在我们自己看来却如同美人痣。这体现出一种战胜自我的勇气。人们都善于发现别人的弱点。能引起他们注意的不是你的才华，而是你的弱点，他们还会利用它来掩盖你其他资质的光芒。

162. 赢得与嫉妒和恶意对抗的胜利

以无所谓的态度来面对嫉妒和恶意不会带来一丝益处，只有宽宏的气量才可以帮助你取得更大的成就。最让人佩服的行为就是对嘲讽过你的人进行赞美；最让人肃然起敬的行为就是用你的才智和品德将狭隘的嫉妒打倒。你的每一次成功，对于与你作对的人而言都是一次折磨；你的每一次辉煌，对你的竞争对手都是一次重击。将成功当毒药来使用才是最伟大的惩罚。满心妒意的人，会在竞争对手的不断成功中备受煎熬。如果遭嫉妒者不断取得成功，那他对嫉妒者的惩罚也会一直延续下去。成功的号角既是对成功者辉煌的赞颂，也是对嫉妒者开始经历痛苦折磨的宣告。

163.不要因为太多的怜悯而让你沦为被同情者

同样一件事，一些人觉得很不幸，其他人或许就觉得很幸运。假如不是因为不幸者占多数，一个人又如何敢说自己是幸运的呢？人们往往会给予不幸者同情，我们想借助无用的劝慰来弥补命运对他人的伤害。原先遭到众人忌恨的人忽然就得到了大家的怜悯，这种由仇视到同情的转变是因为他落魄了。要弄明白这里面的奥妙需要极高的才智。有这样一种人，专对不幸者给予怜悯。只要有人倒霉，他们就会围拢在他的周围；只要这个人时来运转，他们就会远离他。有时候，可以用心中的高贵来形容这种行为，但实际上这种做法并不聪明。

164.放出风声进行试探

想要知道一件事是被接受还是被拒绝，尤其是在你对它的成功或被认同充满疑问时，最好的方法是放出风声进行试探，这么做不但能够让有些事情有一个好的结果，而且还能让你在继续做下去和趁早退出之间做出选择。在对他人想法的试探中，谨慎者能够确立自己的立场。聪明的做法就是提前进行预测，然后再将要求、需求提出或者做出决定。

165.战而有道

聪慧之人或许会与战争发生联系，但不会同肮脏的战争发生联系。坚持自己的本性，不要让他人的意志力去影响你。与敌人面对面时，沉着、大气的表现值得称赞。夺得权力不是战斗的唯一目的,更重要的是要通过战斗证明你是一位高明的斗士。胜利和敌人的屈服之间的区别就在于征服是否高尚。卑劣的武器不会为善良的人使用,比如来自与朋友决裂而获得的武器。当仇恨成了友谊最后的结局时,也不要将他人曾经对你的信任作为你获得利益的工具。无论发生什么情况,君子都不会做背信弃义的事,这是因为他们高贵的品质让他们对无耻的行径不屑一顾。人应该随时随地都能胸怀坦荡地告诉世人,就算世上已经没有了大度正直、忠诚守信的美德,它们也必定留存于你的心中。

166.识别长于理论和长于实践的人

二者的差别很微妙,就如同出于你自身而看中你的朋友和出于你的地位而看中你的朋友间的差别一样。有恶语,就算没有恶行,行为也已足够恶劣了,然而没有恶语却有恶行,其恶劣程度更甚。人不能拿言辞当饭吃,也不能将礼仪(文雅的矫饰)作为生活的依靠,用镜子来捕鸟纯粹是幻想。唯有轻浮者对空话感到满足。只有将行动作为自己的支撑,语言的价值才能体现出来。只长叶不结果的树一般都无心无髓,人要将结果实的树和只有遮阴作用的树辨别清楚。

167.要自立

在处于窘境之时,最好的朋友是一颗勇敢的心。如果心很脆弱,则能够选择离它最近的器官。能够自立的人承担忧患的能力更强。人不能屈服于厄运的压力，因为那只会助长厄运嚣张的气焰。一些人碰到困难后，几乎不会自助，再加上不懂得忍受之法，所以处境就更艰难。了解自己的人可以在慎重考虑之后，克服自身的缺陷。对于明智、审慎的人来说，没有什么能难倒他，包括星宿。

168.不要成为一个愚蠢的怪物

怪物的种类很多，其中缺少节制的怪物具有下面一些特征：虚荣、佞妄、固执、爱幻想、自满、奢华、自相矛盾、草率、特立独行、自由散漫，等等。比生理性怪物更糟糕的是精神性怪物，因为它完全是一种级别更高的美的对立面。然而，又有什么人会改正这些习以为常的愚蠢行为呢？一个地方如果没有正确的知见，那么忠告和指点也一定不为这里所容。这些人只顾着拼命去追逐那些虚假的叫好声，将谨慎的观察完全置于脑后了。

169.杜绝失败的风险，强过百发百中

很多原本默默无闻的人往往会因为一次失误而受到人们的关注，这失误不论多小，都无法在他们所有成功的光环下躲开他人的视线。人们不会去直视太阳，可日食出现的时候，却会引起人们的广泛关注。庸俗之徒不会对你的成功予以关注，却会紧盯着你的一次错误不放。好事不出门，坏事传千里。一定要牢牢记住：你的所有失误都会受到关注，无一遗漏；而你的所有美德常常会被熟视无睹。

170. 世间万物，有所保留

要保存你的能量。很多时候，才能不能全部显现出来，力量不能全部用完。就连知识，也应该适度留存一些，如此，你才会更加完善。永远保留一些随机应变的能力。与竭尽全力相比，适时的帮助更为宝贵。有远见卓识的人总可以将航向稳稳地掌控在自己手中。从这个角度来讲，"一半比全部多这种说法无疑是很有道理的。"

171. 不要盲目使用别人欠你的人情

重要的朋友要到生死攸关的时候再用，不要在一些无足轻重的小事上就将他们的善意挥霍掉，这和碰到危险之前要避免弄湿火药是相同的道理。如果你拿多换少，以后还能剩下些什么呢？任何东西都不如可以保护你的情义或人宝贵。善良者从自然和名望那里得到的所有赏赐，甚至会引起命运之神的嫉妒。与事相比，把握住人更重要。

172. 切忌和什么都没有的人相争

千万不要同什么都没有的人相争，这种竞争毫无公平可言。其中的一方已经失去了一切，甚至包括羞耻心，他完全能够赤膊上阵，而毫无顾虑。他已经丢弃了所有的东西，再没有可失去的东西了，因此可以将一切都不放在眼里，做到破釜沉舟。千万不能把你的名声压在这样的人身上。好名声来之不易，却会因小事而毁于一旦。辛苦得来的荣耀很可能会因为一句恶意的中伤而化为乌有。正直的人知道其中的厉害，他明白哪些东西可以将他的名誉毁掉。正是因为他做事时小心翼翼，所以才可以按部就班，给谨慎退隐留下宽裕的时间。在险境面前，一旦有闪失，就算最终取胜了，也无法将其他地方的损失弥补回来。

173.与人交往时，不要做一个玻璃人

和人交往时，不要像个玻璃人，这也是友谊的大忌。有的人太容易就破碎了，可见他们是多么的脆弱。他们自己一肚子怨气，也带给别人不少烦恼。开玩笑也好，严肃谈话也罢，他们比不能碰的瞳孔还敏感。在琐碎的事情上都会发生冲突，更不用提重大的事情了。和他们交往要慎之又慎，要在心中牢牢记住他们的脆弱，因为哪怕是丝毫的冷淡都会让他们产生怨气。他们以自我为中心，接受自我感觉的奴役（为此，他们可以摧残一切），还盲目地将幼稚好笑的自尊心作为崇拜的对象。

174.不要让人生匆匆走过

如果你知道事物的料理之法，那么你就明白应该怎样享受其中的乐趣。不少人在好运不再之后，才读懂了人生。他们浪费时间，等到迷茫了很久之后，才想起回头，希望时光倒流。对他们来说，光阴的流逝就如同浮云掠过。在生活中，他们如同牧马人那样，以他们急躁的性格，推动生活快马加鞭地向前奔驰。他们意欲用一天的时间就将一生都很难吸收完的养分吞食下去。他们自认为成功近在咫尺，狂妄地想把未来的时光一起吞食下去。但因为他们事事都急功近利，所以常常是效果

不佳。就算是渴望获得知识，也应该把握好分寸，这样才不会出现囫囵吞枣、一知半解的问题。生活的路很长，好运只存在于一时。应该先做事，后享受。当一切过后，你才能真正感受到：业绩是多么的宝贵，享乐有如梦幻一般。

175.做个有内涵的人

如果你是个有内涵的人，就不会对那些没有内涵的人投去赞赏的目光。不是靠内涵获得极大声名的人是快乐不起来的。常常是外表看似具有内涵的人要比真正实至名归的人要多。有些伪君子，他们心生非分之想，密谋敲诈；而另一些和他们相似的人则肆意空想，钟情于虚幻而不推崇真实。他们的非分之想一定会招来恶果，因为他们没有一个坚实、稳固的基础。只有从真实那里你才能获得真实的名望，只有内涵才会带给你益处。一场欺诈，环环相扣，很快整个大厦就会在空中轰然倒塌。没有根基的房子一定不会长久稳固。他们的承诺只能引来人们的质疑，他们的品质必定会受到人们的唾弃。

176.自己清楚再好不过，求教有识之士也不错

要活下去，你就得有理解力：要么是你自己的，要么是你从他处借来的。然而，许多人并未意识到，其实他们自己根本不明白，其他人中有不少则是不懂装懂。愚蠢这种病是无药可救的，无知的人因为根本不了解自己，因而从来不去寻找自己的弱点。一些人原本可以成为圣贤之

人，却因为他们自以为是而没能成功。审慎的哲人越来越少，他们全都悠闲自在，因为没有人来向他们请教问题。向他人请教不会让你的伟大受到损害，或让你的才能受到质疑。正相反，它只会带给你更多美好的声誉。同厄运斗争，请让理性指导你。

177.要与人保持适当的距离

不要和人走得过近，或是让别人过于亲近你，否则，你从正直那里获得的优势就会丢失，让你名声扫地。群星从来没有和我们有过接触，因此它们才可以辉煌永驻。神灵需要尊严，亲近产生轻慢。最常用的事物常常最得不到爱护，因为在不断的接触中，缺点也越来越明显地暴露了出来；而沉默则能掩盖住缺点。要和任何人都保持适当的距离，因为亲近上司会招致危险；亲近下属则有损尊严。他们意识不到你的行为只是一种善意的表示，却会将它看成是你的职责所在。过于亲近和粗俗是很相似的。

178.给予你的内心以信任

按照你内心的声音去做，尤其是它坚强、饱满时更要这样。千万不要去做违逆它的事，因为它可以预言一切。它是你天生的先知。不少人毁在了自己所畏惧的事情上，可是没有预防的办法，畏惧又能带来什么好处呢？忠诚是一些人的天性，这样的心总会预先给他们发出警示，警钟长鸣，避免他们落得失败的结局。灾难降临时的仓促应对不是处世之道所提倡的，正确的做法是抓住它还没有成形的机会，半路对它进行伏击，并将其征服。

179.深沉和含蓄是天才的标志

敞开心扉就像当着众人的面打开一封信一样。胸中要有存放秘密的心机：无论是巨大的空间还是微小的沟壑，重要的事情都可以在其中被深深地埋藏起来。含蓄源自于自我控制，能做到缄默不语才算获得了真正的胜利。保持平静的心态和自我克制是谨慎处世的关键。当有人意欲弄清楚你的想法，冒犯你以达到控制你的目的，或设下一个连最精明的人也能被引诱说出秘密的陷阱时，你埋藏于心中的东西就有了危险。不要将要做的事说出来，不要按照所讲的话去做。

180.不要被敌人有可能做的事束缚住

愚蠢之人从来不遵循谨慎者的忠告行事，因为他不明白其中的益处。聪慧之人也是如此，只是他的原因不同于前者，他是想把自己的真实目的隐藏起来，好避免他人知道后做好相应的准备。对事物的考察衡量要从两方面进行，尽可能保证公平。不要去为"将会"发生什么而担心，要对什么"可能"发生进行认真的思索。

格言181~200

181.不要撒谎,但也不应该将实情和盘托出

说实话好比给心脏放血,要有高超的技巧。是否应该说出实情是要把握好技巧的。一句谎话就能将你诚实的声誉毁得干干净净。上当受骗者和骗人者其实都有错误,只是后者的错误更加严重。不是所有的事实都能说出来。有时为了自己应该缄默不语,有时为了他人也要守口如瓶。

182.凡事稍事勇气

对他人进行重新审视:不要将他人估计过高而使你对他产生敬畏。不要让你的心智压制住你的想象。不少人看上去很伟大,可交往之后便令人失望了,很少有人可以提升他人对自己的评价。谁都无法打破人性的局限。无论是人的才智还是人的性格,都还有地方需要改善。人从地位中获得了呈现于外的权威,可是它和人的才能、品德很少有相符的时候,命运常常以大材小用来表示惩戒。想象力常常是先锋,对事物进行夸张的描述,除了实际存在的事物,可能存在的事物也成了它想象的对象。理性以经验为依据,应明辨事理,纠正偏颇。愚人不要莽撞大胆,君子不宜胆小怯懦。如果说愚鲁单纯之人因为有了自信而声威更强,那智勇双全之人有了自信就可说是如虎添翼了。

183.不要在每一件事上都过于执着

蠢人的特点是大多比较偏执,凡顽固不化者皆为蠢人。观点越是错误,这种人就越是深信不疑。实际上,就算你确实是对的,也可以做一些妥协:人们终将承认你是正确的,并对你的豁达大度予以称赞。你因为顽固而损失的东西是你战胜他人得到的东西所无法弥补的。坚定不移应该是意志具有的品质,但不要被用在做判断上。当然,总是有特例存在的,那时你就应该坚持立场:一旦改变判断,行动就绝不能再摇摆不定了。

184.不要被烦琐之事束缚住手脚

就算是国王,这种装腔作势也会被人疑为他的怪癖。人们常常会为受制于形式或细节而心生反感,而一些国家从上到下都会被这种过分的约束所拖累。这些愚人以自己的荣光为崇拜的对象,他们的服饰就是这些愚蠢针法的杰作,而他们给人展示出的体面仅仅是狭隘的气度,因为所有的事情好像都会冒犯到他们。赢得尊重的愿望固然很好,可是如果被人看成是装腔作势就相当不明智了。当然,一个完全不受烦琐之事束缚的人要想取得成功还得具备极大的天赋。对于礼节,夸大和摒弃的做法都不可取。一个人不是因为有耐心面对琐碎的礼仪才变得伟大的。

185.千万不要孤注一掷

此掷不成,特别是第一掷。你不会达到兴盛,也不可能红运当头。

所以要给自己留下余地，以便有机会再进行尝试，将第一掷的损失弥补回来。初试成功，也会对第二掷有所帮助。做任何事情都要为自己留条后路，以便进行改进和补救。任何事情都要考虑到各种实际形势，旗开得胜的事情，终究不是常常发生的。

186.懂得某件事某个时候存在不足

懂得某件事某个时候存在不足，纵然从这个事物的外表上看不出来。丑恶给自己披上华美的外衣，诚实应该也能将它辨别出来。丑偶尔或许会头戴金冠，可到底还是无法遮掩它的铁质。就算奴性用高位来掩饰，它的丑恶也依然不会减少。丑陋可以自己抬高自己的身价，但它的卑贱是永远不会改变的。芸芸众生只会发现英雄身上的缺点，却从不明白他们之所以能成为英雄并不是因为这些缺点。身居高位的人可以影响众人，众人纷纷效仿他，甚至他的丑陋也成了模仿的对象。那些阿谀奉承的人甚至对他丑陋的面容也进行模仿，但他们却并不明白，那是伟大修饰的结果，一旦他不再伟大，人人见了都会厌恶他。

187.让大家都高兴的事，就放开胆子去做

令大家都不高兴的事，就让别人代你去做。你获得人们的好感，恶感则让别人替你承受。伟大而尊贵的人宁可自己去行善，也不想接受他人的恩惠，因为打扰别人，自己心里免不了要有一种内疚或懊悔的感觉。对别人进行回报时，应该亲自去做；若是进行报复时，应该让他人代

你去做。你应将一个把柄授之于他人，好让他们愤愤不平时，可拿此来不停地唠叨、发泄怨气。乌合之众的抱怨就好比狂犬病，他们不清楚什么地方痛，只晓得胡乱咬嘴上的紧箍。紧箍没有犯错，却含冤替人受过。

188.发掘事物进行赞美

这样做不仅能确立你的品位，还可以使他人确信你的品位不同凡响，并让你进一步想对他们进行赞美。假如有人弄明白了完美的真正含义，他会倍加珍重。赞美不仅可以生成谈论的话题和模仿的典范，而且能更文雅地劝说你身边的人要谦虚、恭敬、彬彬有礼。有的人则刚好相反，他们总可以在鸡蛋里面挑出骨头，在背后对别人进行贬低。这种手段用在那些肤浅之人的身上很有效果，他们对其中的花招毫无所觉：贬他也就是在损你。另一种人习惯薄古颂今（以轻视过去的辉煌、称赞现在的平庸为习惯）。让审慎的人看穿这些手段，既不过分夸张，也不因为别人的奉承迎合而忘乎所以。而且他应该从中明白，这些吹毛求疵之徒，无论对谁都会用同一套手法。

189.利用他人的匮乏状态

匮乏是欲望产生的动力，可以利用这种欲望让他人受制于你，并万无一失。哲学家们认为匮乏没什么大不了的，政治家们则说匮乏极为重要：后者是正确的。一些人循着他们欲望的轨迹行进，以实现他们的目的。政治家将他人的匮乏状态为己所用，来制造困境以对这些人的欲望进行刺激。他们发现，匮乏带来的刺激和富裕产生的满足相比，前者更为强烈。欲望随着形势的愈加艰难而愈发强烈。让人们将对你的依赖变成习惯是你得偿所愿的奥妙所在。

190.从世间万物中寻求安慰

就算是没有任何作用的东西也有其优点：他们永恒持久。世上万物都有有利的一面。傻瓜也有属于自己的福分。俗话说得好："美人常羡丑女之福。"价值越小，寿命反而越长。让人生气的破镜子偏偏无法完全破碎。命运好像对贤才充满妒意，他让平庸之人延年益寿，却让英才早逝。才华出众者总是捉襟见肘，百无一是者却衣食无忧——无论他是真的如此，还是装出来的假象。而那些最不幸的人，好像是运气和死亡联起手来遗弃了他们。

191.不要在恭维话面前迷失方向

不要在恭维话面前迷失方向，它是在欺骗你。有的人没有迷药的帮助就能施展出魔力来，仅仅一个恰到好处的脱帽礼，就能蒙蔽住傻瓜——爱慕虚荣者的心智。他们售卖虚荣，说几句甜言蜜语就可以将他们的债务一笔勾销。承诺是专为傻瓜设下的圈套，诺言不离嘴的人从未遵守过诺言。充满诚意的谦恭是忠顺，矫揉造作的礼貌是欺骗。殷勤过了头就不再是尊敬而是依赖了。讨好者不是被他崇高的品质折服，而是羡慕他的财富，渴求得到他的偏爱，同时希望获得他的赞美。

192.心态平和的人能够延年益寿，让自己和他人都能无拘无束地生活

平心静气的人不仅长寿，而且真正支配了自己的生命。多听、多看、慎言。白天和他人相安无事，夜里就可以踏踏实实地进入梦乡。活得长，还活得愉快，无异于活了两次：这就是平心静气的益处。不要在无足轻重的琐事上斤斤计较，你就会拥有一切。对每一件事都较真是最愚蠢的。为和自己没有关系的事劳心费神是很愚蠢的行为，而对与自己密切相关的事情袖手旁观也是不明智的。

193.要防备那些声称重视你的利益的人

防止上当受骗的最好方法是小心行事。如果对方心思缜密，你就要加倍小心了。一些人长于将他的事摊派到你的头上。你如果无法看穿他们的目的，就会成为别人手里的工具。

194.要现实地看待自己和自己的事

如果你刚刚开始你的人生旅程，这就更准确无误了。每个人对自己的评价都很高。自我评价最高的人恰是最平庸的人。每个人都做着发财的梦，并自认为是天才，充满信心地要大干一番，可是现实却使很多人的愿望落空了。清楚地看待现实使荒诞的想象备受煎熬。要明智，要心怀最美好的愿望，做好最坏的打算，如此才可以平心静气地去承担一切后果。目标高远不是件坏事，但不可以高到无法触及的地步。开始一项

工作时，要对你的期望做一个准确的定位。没有经验的情况下，决断常常出错。明智可以将一切愚行治愈。对你的活动范围和自身状态要有清醒的认识，并让你的预想与现实相契合。

195.要明白该怎样去欣赏他人

一个人总有一点是别人所不及的，而在这一点上，又总会出现比他强的人。如果你懂得了该如何去欣赏每个人，那你将会从中获益匪浅。智者尊重所有的人，因为他明白每个人都有自己的长处，也清楚要做成一件事是很难的。傻瓜瞧不起他人，原因有两个：一个是因为无知，另一个则是因为他所喜欢的总是最差的。

196.要清楚你的幸运星

没有幸运星是最无可奈何的事。如果你运气不佳，那是由于你还没有找到它。有了运气的眷顾，有的人可以攀上权贵，有的人可以得到贵人的帮助，然而他们并不清楚其中的原因，只是竭力去顺从这份运气罢了。有的人在一个国家会有比在另一个国家更好的运气；或者，在一个城市会有更高的声望。纵然能力相差无几，可从事同一职业，有的人的运气就是更好。运气由着自己的性子洗牌，使所有人都明白，这副牌决定着他们的运气和成败。要找到紧跟你的幸运星的方法，既不要将它随便替换掉，也不要轻视它。

197.不要输给一个傻瓜

一个分辨不出傻瓜,或者就算认出一个傻瓜也不知道该怎样甩掉他的人就是傻瓜。和傻瓜交往,即使交情一般,也会给自己带来危险。如果对他们坦诚相待,则害处更多。一开始,他们还没有胆子草率行事,因为他们的小心或他人的忠告在提醒着他们,但这种抑制只能使他们以后变得更蠢。臭名昭著的人只会让你的声誉受到损害。傻瓜总是运气不佳——霉运成了他们的负担,这双重的厄运不仅牢牢绑住了他们,也会传染给和他们有来往的人。他们身上唯有一件东西还未糟糕透顶,这便是:虽然对他们而言智者没有什么价值,可是在智者看来,他们却是完全可以利用的反面教材。

198.要知道如何异地而处

有不少民族是在迁移到其他地方后才赢得人们的尊重的,这种情况在位高权重者身上更为典型。才华出众者在自己的祖国那里得到的往往是后母一般的待遇。嫉妒根深蒂固,并远远压过了世间万物。它使世人不记得一个人后来的伟大,而只记住了他开始时的不足。旧世界的一枚别针来到新世界就备受推崇,一个玻璃珠子就能让人们将钻石鄙弃掉①。每件珍奇之物,不管是因为它是远道而来,还是因为人们只能在它偶然成形并日渐完美时才能一睹其芳容,人们都对它推崇备至。一些在自己的世界中备受歧视的人,却在外界有着极高的声誉。本国人尊敬他们是

---

①暗指欧洲人在新大陆探险时发生的事情。

因为本国人和他们间的距离很远；外国人对他们给予尊敬则因他们是远道而来。圣坛上的雕像永远得不到那些人所受到的尊敬：从林中砍伐下来的一根树干是他们回首所能望见的唯一景象。

199.想要从他人那里获得尊重，就必须小心谨慎

想要从他人那里获得尊重，就必须小心翼翼，不要盛气凌人。美德是建立声誉、名望的正途。如果才德和勤奋齐备，则成名极快，如果只凭其中之一，则还无法达到成名的目的，因为你在努力的过程中，有可能由于受到恶意中伤而名誉扫地。中庸之道才是你的选择：你一定要有美德，但也应该知道怎样展现自己。

200.要常有期待

常怀期待，可以避免漏掉身边的幸福。身体得到充足的呼吸，精神就会永远保持一种渴求的状态。如果得到了一切，那么它们将变成失望和不满。就算是智者也得通过了解其他事物来满足自己的好奇心。我们从希望中获得生命，但无休止的快乐却会带来致命的危险。回报他人时，不要让他们得到满足。当他们无欲无求时，你就得小心翼翼了：任何快乐都无法带给他们快乐。欲望到了尽头的时候就变成忧患了。

格言201~220

201.看着像蠢人之人大都为蠢人，看着不像蠢人之人半数为蠢人

愚蠢之人管理着世界：如果智慧还有剩余，在神明眼里也仅是愚蠢。最愚蠢的人便是将别人看作蠢人却认为自己不愚蠢的人。若想做一名智者，只是看起来像有智慧、有能力是不行的，自认为有智慧、有能力就更不行了。将没有智慧的人视为智者，看不到人们所能看到的事物就叫作"无见"。世界上处处都是愚蠢之人，但却没有一个人认为自己愚蠢，或尽力让自己变得不愚蠢。

202.语言与行动造就一个没有缺陷之人

说恰当的话，做恰当的事。前者可显现出头脑的健全，后者可显现出心灵的完美，两者都来自杰出的精神。语言是行动的影子。语言为雌，而行动则为雄。接受赞扬远远胜过赞扬别人；说起来容易，做起来难。行动为生命之本质，规劝的话仅是装饰。名望在行动中延续，却在语言里消亡。行动源于反复深入的考虑。语言体现智慧，行动体现高尚。

203.了解和你处于同一时代的伟大人物

伟大的人物并不多。整个世界只有一只凤凰，每个世纪仅有一个令人钦佩敬仰的领袖、一个没有缺陷的演说家及一个真正的智者，几百年

才能出现一个有智慧、有能力的君王。平庸之辈到处都是，他们很少受到尊重。才能出众者寥寥无几，因他们追求完美无缺。官职级别越高的人，越不容易做到伟大。许多人借用恺撒与亚历山大的好名声，以"伟大"自居，却白费心机，没有一点好处；若无功绩，"伟大"一词也仅是大话。像塞内加那样的人一向不多，获得长久的好名声的人终归仅有阿佩利斯一个。

204.既需做到举轻若重，又需做到举重若轻

既需做到举轻若重，又需做到举重若轻，以免过度自信或妄自菲薄。你若不想干什么事情，就当它已干完好了。然而不懈的努力能使看起来不可能实现的事情变为可能。在危险而急迫的关头，甚至没有必要考虑，只需要行动。不必为困难浪费心思。

205.要学会利用轻视

获得不易得到的事物的最佳办法即对它们表示极端的轻视。世界上的事物，你若辛苦找寻往往就看不到踪迹，而随后，你若不费力气，它们却会立刻出现在你面前。世间的一切都是天国的影子，其动和静也像影子；你追逐它们，它们便会逃跑；你逃开它们，它们却来追你。轻视亦是一种最机敏的报复方式。有这样一句充满智慧的箴言：永远不能用笔来保护自己，因为这样会为你的敌人提供可利用的时机并令其出名，

而无法使其受到处罚。卑劣的小人经常会狡诈地与伟大的人物对抗：他们想以此间接地获得他们本来就没有资格拥有的好名声。假如才华出众的人物对他们的对手不加理睬的话，那些小人也许会永远没有什么名声。没有比轻视更佳的报复方式了：将那些人掩埋在其愚蠢无知的灰烬里。狂妄之人妄想通过放火烧毁世界与历史奇迹来实现不朽。使风言风语归于平静的一个方法便是不理不睬。责备那些散播风言风语的人只能让自己受到伤害，反过来讥讽他们则只能让你自己的名誉受到损害。你应当为他人想同你相媲美而感到愉快，虽然他们的言辞会令完美被阴影蒙蔽，但却终归不易把完美完全遮盖住。

206.要知道平庸之辈到处都有

　　平庸之辈到处都有，就连科林斯①与最显贵的家族也无法幸免。每一个人皆会在自己的家中看到这样的人。除了一般的庸人之外，也有出身于显贵之家的庸人，这样的人则更加平庸粗俗。他们透着庸俗的实质，就好比一面镜子破碎的镜片，然而却更有损害性。他们时常妄加批评他人。他们是散播无知的人，守卫愚昧的教父，留恋自贬人格的风言风语。对他们的话语可不加理睬，更无须理会他们的感觉。结交他们是为了远离他们：以免和他们同恶相济或变成他们的打击对象。

---

①一个古希腊城邦，位于伯罗奔尼撒半岛东北，临科林斯湾。

207.应该具备自我克制的能力

对偶然发生的事情要有高度的警觉性。饱含激情的突发性行为会令谨慎丧失平衡，而这恰是你有可能跌倒之处。人在暴怒或满足的一刹那比在心态平和的情况下会有更多想法。瞬间的狂暴会让你抱恨一生。城府颇深的人为过于小心的人们布下这些圈套，正是为了弄清实情并揣测对手的意图。为了探查到秘密，他们一定要触及最深刻的思想的核心。那么你有什么应对策略呢？掌控自己，尤其是掌控自己突然的冲动。掌控自己的冲动有如驱使性子暴烈的马儿；假如你在马背上表现得机智的话，那么你便会事事得心应手。可以预见危难的人会探索寻找到自己的路。冲动时所说的话语对于随口说出的人或许不值一提，然而听到的人则会掂量其轻重。

208.勿因愚钝而死掉

聪慧之人一般会糊涂地死去，愚钝之人会被真诚的劝告扼杀。假如你思虑过多，就会死于愚钝。一部分人由于过于敏感而死去，而另外一部分人由于麻木而死去。一部分人由于其从来不知道后悔、怨恨而变成傻子，而另外一部分人却由于其凡事都会后悔、懊恼而变成傻子。由于过于聪慧而暴毙是愚钝的。一部分人由于其洞悉世事而暴毙，另外一部分人由于其不谙世事而活着。虽然很多人死于愚钝，却很少有蠢人死去，因为他们根本就算不上活过。

209.将自己由愚钝之中解放出来

这么做需要一种非同一般的冷静。普遍的愚钝被习惯变得正统,而某些可以抵抗个人的无知的人却抵挡不了群体之力。世俗之人对自己的好运气从来不会感到满足,哪怕那已经是无比幸运的事情;然而他们对自己的才华与智力却从不会感到不满,哪怕那仅是最为低劣的才华与智力。他们不能满足于自己的乐事,却对他人的乐事馋涎欲滴。现在的人们奢求着过去的事物,人在此地却想得到别的地方的东西。逝去的好像总是更加美好的,而远方的所有事物都好像更加完美。讥笑一切的人与认为一切都极其凄惨的人同样愚钝。

210.懂得怎样应对事实

事实是危险的,然而一个好人不得不将它说出来,这便需要运用恰当的方式。善解人意的医生发明了令事实更易于被接纳的甜化剂,这是由于当事实被告诉给那些当事人的时候,它确实是特别苦的。这需要完备的技巧与恰当的行为。相同的事实,有的人听说后会表示谢意,而另外一些人则会大发雷霆。当然你在应对聪慧的人的时候,只要稍做暗示就够了,有的时候甚至什么也不用讲。切勿给王公贵族们苦口之药,最好是裹上糖衣来骗他们。

211.天堂和地狱

天堂中什么都是快乐的,地狱中什么都是痛苦的,只有处于两者之间的地球上才有苦有乐。我们处于两个极端领域之间，所以能够同时获得两个极端给予的东西。苦难与幸福变化不定：不会永远拥有幸福，也不会终生遭受苦难。人生本身就是虚无的，就像一个零。有了天堂，人生才变得意义非凡。用一颗淡泊的心来看待世间的变化无常方是谨慎的好策略；真正有智慧的人对新鲜奇妙的事物常常会漠不关心。人生就像一场演出，有开始就会有结束，聪慧的人一定要注意有一个好的结局。

212.具备高超技艺之人不能把其技艺全部展示在别人面前

令人钦佩敬仰的导师教授玄妙的技艺时，其方法通常也是玄妙的。把你最擅长的高超技艺隐藏起来，你才能永远做别人的老师。所以你演示技艺的时候，一定要讲求方式，不能将你的看家本事全部展示出来，只有如此，你才能长久地享有盛誉，令他人永远将你作为榜样。在指点或帮助有求于你的那些人的时候，你要激起他们对你的崇敬之心，需一点一滴地展现你精湛的技艺。蕴藉节制是生存和取胜的有效方法，在重大事情上更是如此。

213.辩驳要讲究方式、方法

惹恼他人的最佳办法是：使他人将身心完全投入进去，你自己却置身事外。你可利用矛盾来让他人的情绪失去控制。你表现出不相信的样子，诱骗他人因过于气愤而把秘密说出来，这可以说是开启紧闭的心门的一把钥匙。只要略施小计，你就经常可以揣测出他人的意图。对于他人难以揣摩的只言片语，你需机敏地对其不予理睬，然而你实际上却需据此探寻其隐藏在最深处的秘密，并一点一滴地把这些秘密引到他们的嘴边，最终落进你精心布置的网中。谨慎之人的寡言少语经常让他人引出话题，如此一来，说话者就会经常将本应守口如瓶之事不由自主地显露出来。假装怀疑的态度是一把万能的钥匙，能让你的好奇心得到满足。即便是在学术问题上也是如此，成绩优异的学生亦会辩驳他的老师，使其阐释和保护真理的心情更迫切。谨慎地对老师发起挑战，能让他的教诲更完备。

214.愚蠢的事情不能重犯

我们时常为了改正一件蠢事而又做下四件蠢事。人们经常这样说：只要说了一个谎话，便需再说出一连串的谎话来圆谎，且谎话会说得越来越大。做蠢事也是这样。犯了错误却依然坚持己见总归是不好的，而假如犯了错误还不知道怎样掩盖那就更糟糕了。人们总是需为其缺陷付出代价，然而假如你分明有缺陷却偏偏还要为之辩解甚至变得比本来更加严重，那么代价便会更大。拥有大智慧的人也会犯错误，然而不会再犯同样的错误；偶尔犯错误不严重，但绝对不可屡次犯同样的错误，或心甘情愿地以错误为家。

215.小心防备居心叵测之人

精干聪明之人善于分散别人的意志,进而进行攻击。意志一旦不集中,就非常易于遭受挫败。那些居心叵测之人善于隐匿其真实的想法;本来的想法是想位居第一,他们却往往心甘情愿地暂时屈居第二。他们动手谋害别人的最好机会,不外乎是人人皆看不到他们弯弓搭箭之时。既然他们不放弃谋害他人之心,我们当然应该经常怀有防备别人之心。当他们将谋害他人之心深深隐藏起来的时候,我们更需要倍加警觉。对于别人暗中策划的狡诈的计策,须小心看穿。应小心防备他们悠然自得地来来去去,等候可乘之机争夺猎物。为了让阴谋可以最后实现,他们经常会来回周旋,使对方产生错觉,以出奇制胜。假如他们表面上做出退让,你千万不能轻易相信和放松警惕。有的时候,最佳办法就是使他们知道,你早已经看穿他们欺骗人的狡猾手段。

216.清晰地表示自己,既要简单又要非常流利

某些人怀孕了许多次,然而却时常难产。由于表达不明,思想的孩子——概念和想法——很难被理解和认同。某些人如同酒坛子,虽然肚中有许多酒,但可以倒出来的却非常少;而某些人却可以把自己的想法表达得非常充分、透彻。意志需勇于做决定,智慧需表达清楚:两者

皆是卓越的天赋。思路清楚之人会受到人们的赞扬，头脑不清之人则会被人们所抛弃；但是，有的时候表达得模糊会比表达得粗俗好得多。然而，假如我们自己都不知道自己在讲什么，他人倾听的时候又如何能知道呢？

217.爱和恨皆不可一经形成就不再改变

同朋友交往的时候，需想到他们有可能会成为与你势不两立的敌人。既然这样的事情在实际生活中的确会发生，那么我们便应当早日防备。我们不应当由于友谊而消除戒备；不然，最不容易打的战争可能就会在此处爆发。反之，当面对敌人的时候，不可忘记有可能会做出让步以避免冲突。时刻保持警觉是最佳方法。报仇的痛快感觉有时会变为一种折磨，伤害他人的舒畅感觉有时会变为一种痛苦。

218.做事情千万不要固执己见，必须经过反复深入地考虑

固执己见只有害处而没有益处，凭个人的爱憎或一时的感情冲动处理事情也不会有好的结局。某些人可以在所有事情上都制造出事端，他们不论做什么事情都如同土匪，皆想降服他人。他们一点也不懂得要与他人友好相处。这样的人若当了统治者会更加糟糕。他们把政府分为若干派别，令那些如孩童般温和顺从之人也变为了敌人。他们做什么事情都鬼鬼祟祟，如果成功了，就自认为智谋过人。倘若他人发现了他们执

拗怪僻的性情，他们就会恼羞成怒。因此，他们什么也得不到。他们不能消除一切烦闷和苦恼，他人却会由于他们的腹痛而觉得愉快。他们的判断力，有时甚至包括其内心，皆遭到了伤害。同这种怪物交往，仅能依靠远离文明而同野蛮人做伴才能做到。这是由于野蛮人的无知总要好过无知者的蛮横残暴。

219.不要因机智而著名

不要因机智而著名，哪怕没有它你已经不能活下去。谨慎要远远胜过机智。人人皆喜欢他人真诚地对待自己，却并非人人皆愿意真诚地对待他人。不要使真诚变为简单、纯真，也不要使明智变为狡诈、刁钻；由于聪慧而被敬重，要远远胜过由于神秘而被畏惧。真诚之人会受到衷心拥护，却时常上当受骗。机智被视为狡诈，因此最佳的对策便是将它隐匿起来。真诚、直率盛行于黄金时代，而在我们这样一个冷酷无情的时代却充满了敌意、不满及仇恨。被视作有能力之人是一种荣耀，它可以激起自信；然而被视作精干聪明之人却总会惹人嫌恶。

220.装扮不成狮子，那就装扮成狐狸

追随时代的发展趋势是为了引领这个发展趋势。假如你自己的愿望变成了现实，你的声誉便不会受到损害。假如你没有足够的魄力，可以施用巧妙的计策；这条道路走不通，就换另外一条道路。有凭借

勇气开拓的光明大道，亦有通过巧妙的计策铺成的近便小路。勇气和谋略相比，通过谋略所获得的较多；勇士和谋士相斗，谋士通常获胜，这是不易之论。假如你不能实现自己的愿望，就经常会有受人鄙夷的忧虑。

格言221~238

221.不可随便发怒,不顾及自己或他人

不可随便发怒,不顾及自己或他人。某些人令自己及他人皆难以保持尊严,他们一直处于愚钝的边缘。这样的人到处都有,却不容易与其交往。一天里干出一百件麻烦事也不会让他们感到心满意足。任何事情都让他们觉得不顺心,而他们反驳了多少人,便有多少人对他们感到不满。他们将判断逆转过来,不赞同任何事情。然而最能够考查我们的谨慎心的,是那些任何事情皆做不好而又对任何事情皆要挑错误的人。不满的荒野是宽阔的,到处都是各种各样的怪物。

222.慎重的犹豫是谨慎的体现

舌头如同一头野兽,一旦摆脱了捆绑,便很不容易再将其送回到笼子里。舌头为灵魂潜在的动向,智者用其来检查我们的健康,有心之人用其来倾听真诚的意愿。不幸的是,原本应该最慎重的那些人却常常最不慎重。智者会防止出现困难的或危险的处境,可以体现出自我克制的能力,是经过反复考虑然后才去做的:就像古罗马的门神杰那斯那样能同时顾及两面,像阿耳戈斯人那样高度警戒。一个更加聪慧的莫摩斯[①]会使手上长出眼睛来,而并非在胸膛上面打开一扇小窗。

[①]莫摩斯指责赫淮斯托斯制造了一个人,却未在他的胸膛上面留有一扇可以让他人窥探其隐秘思想的小门。

223.不要做一个怪异之人

也许是装模作样,也许是未曾留意,许多人皆有显著的怪异行为。他们做出的怪异之事若说是独特的标志,倒不如说是不足之处。某些人由于面部异常丑陋而被人们知道,然而怪异之人却是由于他们的行为方式怪异而出名的。怪异只会毁坏你的声誉,你独有的不恰当的言语和行为有的时候招致的不是讥笑,便是苦恼。

224.学会按照实际情况来对待事物

就算局势和你的想法相悖,你也绝对不可逆潮流而行动。一切事物皆有两面。假如你去握的是刀刃,最佳的事情亦会损伤你;而假如你去握的是刀柄,最坏的事情亦会保卫你。只要看到了事情有益的一个方面,许多痛苦的事情也能够带来幸福。凡事都有正反两个方面;技巧便在于怎样将事情变得对你有益。从不一样的角度去看待事情,得出的结论也是不一样的,因此从愉悦的角度去对待吧。切勿混淆了好和坏。这便是为何一部分人在所有事情上皆可以得到满足,而另一部分人得到的却始终是痛苦。无论什么时候,在何种求索过程中,必定有能够抗拒厄运的办法,这亦是一条生存的重要法则。

225.清楚你主要的不足之处

任何一种才能皆有与其相对应的欠缺之处,假如你向它屈服,它就会如暴虐的君王那样支配你。征服它的方法是小心谨慎:在一开始就应当看清楚到底是怎样的欠缺之处。你应当如那些由于你的欠缺之处而指责你的人那样关注它。你若想做自己的主人，就一定要学会自我反省。一旦你身上这主要的欠缺之处被降服了，所有别的欠缺之处皆会随之而被降服。

226.一定要博得人们的喜欢

许多人的行动并非出自他们的品性，而是出于无奈。每个人皆可让我们相信坏的事物，这是由于坏的事物非常易于让人相信，尽管有的时候它看上去并不可以信赖。不管我们多么好、多么优秀，也依赖于别人的敬重。一部分人仅满足于自己说话、做事、讲道理，然而这还不够，我们还一定要勤勉踏实。让他人感到快乐需要付出的不算多，但从中收获的益处却不算少。功绩是通过言语换取的。宇宙就像一个家，家中哪怕一件很小的器物也会在一年里最少被使用一次。尽管它没有较高的价值，然而我们却非常需要它。要牢记：当人们议论事情时，他们始终会随着自己内心的感觉走。

227.勿固执于初次印象

一部分人将他们最初获得的印象视作名正言顺的主要印象，却将后来的视做次要印象。事实上，错误的感觉总是先入为主，事实于是难以安身。不可让首先呈现在你眼前的目标填满你的心志，也不可让首个想法占领你的头脑，否则会令你看起来毫无深度。某些人如同新买的酒杯，会沾满最先进入杯中的酒的味道，而不去顾及这酒的好与劣。当别人知道你有这样的局限之后，便会进行不怀好意的谋划。那些图谋不轨之人会将你易于轻率地相信之事根据他们喜好的任何一种方式去宣扬。我们始终应当腾出时间来对事物进行反复思索。亚历山大总是留下一双耳朵聆听故事的另外一个方面。应当留意你第二次及第三次的印象。如果很容易被别人感动，则显得你缺少深度，这和凭个人的爱憎或一时的感情冲动处理事情几乎没有多大差别。

228.不可搬弄是非、诋毁和破坏别人的名誉

不可因习惯于诋毁和破坏别人的名誉而闻名。不可总是善于损人利己、过于精明，因这并不难做到，但是会受人鄙弃。所有人皆会报复你，用恶意的话攻击你，且因你势单力薄而他们却声势浩大，你会非常易于被击败。不可对他人幸灾乐祸，也不可到处搬口弄舌。一个挑拨是非之人会受到人们的极端厌恶和痛恨。他也许能够混杂在道德高尚的人群中间，然而他们仅会将其看作一个笑柄，而非看作审慎的楷模。用恶意的话语议论他人的人，会听见他人议论他的更粗野难听的话。

229.合理安排自己的生活

合理安排你自己的生活，不可将生活弄得乱七八糟、没有条理。就算碰上紧急的事情，也需对事情的发展具有预见性，拥有判断能力。没有休息的生活是无法承受的，如同走了一整天却未碰见一个小店似的。

让生活变得快乐的方法是拥有渊博的学识。为了创造好的生活，我们首先应当做的事情便是与古人交谈——我们来到这个世界就一定要清楚地了解他人和我们自身。书本是真实的，不会欺骗我们，让我们成长。我们应当做的第二件事情是与活着的人交谈——应当看见世界上所有好的事物。而且，并非一切事物皆在同一处。假如将嫁妆弄混了，宇宙这名父亲会将财富赠给他相貌最难看的女儿。我们应当做的第三件事情则全部属于你——在所有事物中，哲学思索是使人感到最快乐的。

230.应当及时睁开眼睛

有真知灼见的人并不是每一个皆睁着眼睛，睁着眼睛的人也不是每一个皆能看得到一切。觉醒得太晚带来的并非平安，而是懊悔。一些人在什么都已经看不见时才去看——在发现自己之前，他们早已经丧失了其家园、金钱及物品。让一个缺少意志之人拥有理解力是很难的，而让一个缺少理解力之人拥有意志则更难。人们如同在路上遇到盲人那样躲开并讽刺他们，因为他们总是有意不听取别人真诚的劝告，总是不睁眼去看。一些人尊崇这种盲目——因为他人不盲目，故而他偏偏要盲目。若一匹马儿属于一个瞎眼的主人，它就是不幸的，因为它永远也不可能变得洁净、好看。

231.不可将尚未完成的事物给他人看

任何事物需使其没有缺陷后再让人们欣赏。任何事物开始时皆成不了形状，若这时轻易展示给他人看，给他人留下的将永是残缺的形象。哪怕在已经完成它之后，假如想到它曾经是一个有缺陷的、不完整的事物，亦会令我们变得兴味索然。用一眼迅速扫视一个巨大的物体令我们不能仔细察看其局部，然而如此一来却满足了我们鉴别、领会事物之美的感觉。所有事物在存在之前皆不存在；当它们刚开始存在的时候，依然靠近于不存在。哪怕实地观察一道味道最好的菜的烹煮调制过程也会让你不想再吃。真正造诣极高的大师的心思非常细密，不会使他们正在进行的工作被他人看见。学习自然，只要你创作的东西看起来还有缺陷，就不可给他人看。

232.略微进行一下实践

并不是一切皆依靠思想，你还一定要行动起来。最聪慧的人最易于被欺骗——他们可能懂得很多不同于一般的知识，然而他们却不懂得生活里最平常的需要。对高深莫测事物的深思令他们不能靠近浅显易懂的事物。因为他们不知道何为生活里最重要的事物——一个别的任何人皆熟知的领域——他们不是被见识浅薄的民众所赞美、颂扬，就是被视作无知之人。所以，让聪慧之人略微进行一下实践吧，以令其不再被骗和被嘲笑、讽刺。应知道如何将事情干好——这并不一定为生活中最高妙之事，然而却是绝对需要的。知识若是不能付诸实践的话，又有什么益处呢？现在，真正的知识在于知道如何生活。

233.不可错误地理解别人的品位

不可错误地理解别人的品位。有的人打算博得别人的喜欢,却表现得让人厌恶,这是由于他们不清楚对方的品性。同一件事情,有的人将它看作是讨好,有的人将它看作是羞辱。你以为帮助了他人,人家却觉得被你冒犯了。有的时候,略费心思,迎合他人比激怒他人更易于做到。当你为了迎合他人而开始感觉丧失了方向时,你已丧失了他人的感激并由于礼仪过多而惹人责备。假如你不清楚别人的品性,你便不能让其觉得满意,恰恰因为这样,一些人自认为在讨好他人,却被人看作是羞辱:这真是自作自受。他人以为他们是在称赞我们时,我们却会觉得灵魂遭到了无关紧要的事情的扰乱。

234.假如你把自己的名声交付给了他人,就需让他用其名声作为抵押

对你们两个人来讲,说过多的话会遭到处罚和沉默不语会带来益处的告诫同样有作用。一旦事情与名声有关,大家利益的趋向便是相同的:为了不破坏自己的名声而要去留意维护他人的名声。最好不向他人透露秘密;一旦透露出去,则需把事情料理稳妥,使听到秘密之人要细心慎重。只有唇齿相依,方可利害相关,而你亲密的朋友,也不至于用你个人的秘密来对付你。

235.懂得应当如何求人

有些事情对一部分人来讲非常难以做到，在另外一部分人看来却极其容易做到。一些人从来不会拒绝别人，对这种人，你没有必要耍什么手段和心计。另一些人却惯于拒绝别人，这样你便需用一些力气。同这种人来往，需挑选适宜的机会。除非对方觉察到了异常并识破了你的用意，否则一定要在他们心情舒畅、灵魂和身体皆感到称意时说出你的请求。愉悦的日子是人们乐于给予恩惠之时，因为愉悦是从内向外透出的。假如你见到已有人被拒绝，就切勿再向前靠近了。拒绝之意一旦表达出来，再拒绝起来就会没有任何顾虑了。并且，你也不可能从那个悲痛的人那里获得什么东西。让他人先欠你的恩情才是高明的计策，除非那个人卑劣龌龊，知道恩情却不知道报答。

236.把报答恩情转化成给人以恩惠

把报答恩情转化成给人以恩惠为精明之策。给人以恩惠比酬谢人的功绩显得高尚、可贵，及时的帮助会令你的好名声传播得更远。不等别人提出请求而提前帮助别人，会让被帮助的人感觉到更沉重的义务。此外，义务能转化成感激。这样的转化是十分深奥玄妙的：最开始是你在归还债务，之后债务却转移至债主的身上了。这仅适合使用在有修养的人身上；对于无赖来说，提前付给的酬劳是一种约束，而不是勉励。

237.不可和比你强大之人共同享有秘密

你或许认为你们能分吃桃子，然而事实上你们仅能分吃削下来的果皮。很多人由于享有了他人的秘密而没有得到好下场。他们如同用面包皮制成的汤匙，很快便和汤有了一样的下场。倾听一名王子倾诉秘密并非一项特殊的权利，而是一个负担。很多人打破镜子，是由于镜子使他们见到了自己难看的相貌。他们无法容忍那些见到过他们难看的相貌之人。如果你见到了某个人不光荣的一面，他人瞧你的目光绝对不会友好。绝对不可使人以为他们欠了你什么，特别是那些有权力和势力之人。同他们互相来往，应当倚靠你帮助过他们，而不是他们帮助过你。世上最危险之事就是朋友之间互相倾诉心事。将自己的秘密说给别人听的人把自己变为了奴隶，这是作为君王之人所不能宽容的暴虐行为，为了将丧失的自由找回来，他们会不顾惜摧残所有东西、所有公理。是秘密吗？如果是，那就不能听，也不能说。

238.清楚自己缺少什么

假如补充上一点儿人所缺乏的东西的话，很多人便可能变成德行完美之人。一些人假如多从小处留心的话，可能会变得完美很多。有的人不太认真，这会令他们的才华失去光彩；有的人不太温柔，而温柔恰是他们的友人及家人最希望得到的东西，特别是当他们有权有势之时。有的人缺乏决断力，有的人不善于深思，假如他们留意到这些欠缺之处的话，他们就能非常容易地改变自己，使自己变得更好。因为只要多加留意，习惯就能变为人的第二天性。

格言239~256

239.准许他人开你的玩笑，然而你不可开他人的玩笑

前者为一种宽宏的气度，后者会使你陷入困难的处境中。在聚会的时候动辄便生气的人要比他的相貌更让人厌恶。巧妙的玩笑使人心情舒畅，而懂得如何接纳玩笑则是才能的标志。如果你表现出来正在发脾气，那只会使别人更加过分苛刻地指责你。有时开玩笑开到适当的程度就应该停下来，不要开过头。在玩笑里常常会出现最认真的问题。没有什么事情比开玩笑需要更多警惕性及巧妙的技能了。在你开玩笑以前，应当先弄明白别人能够承受什么程度的玩笑。

240.从始至终都要做好

一些人想方设法地开始做一件事情，然而却无法把最后阶段的工作做完做好。总是变化不定之人，他们可以开始却无法长久地坚持下去。他们永远不会得到赞美，因为他们的行为无法做到最后。对他们来说，一切事情在抵达终点以前便已完结了。西班牙人因没有耐心而闻名，而比利时人却因富有耐心而著称。后者令事情能够圆满解决，而前者令事情只能草草收尾：他耗费了很多精力去战胜困难，然而仅满足于战胜一部分困难，不知道怎样把自己的胜利维持到最后。他证实自己可以做，仅仅是不愿意做罢了。这是一个缺点，明显地表现出他变化不定的品性，或显示他是轻率地试行不能做的事情。只要是值得动手去做的事情，便值得你将其做完。如果不值得做完，为何要动手去做呢？聪慧的

猎人不止会追踪猎物，重要的是他们最后会抓到猎物。

241.不可太过温顺善良

应当使毒蛇的狡黠和鸽子的真诚进行调和。无人比一个心地善良之人更易于被欺骗和玩弄。从来不讲谎话之人非常易于信赖别人，从来不欺骗人的人始终会相信别人。被他人欺骗和玩弄并非总是代表着愚钝；有的时候这是一件好事情。有下列两种人擅长预先料到危险：一种人是自己付出代价而从中得到教训，另外一种更聪慧的人通过仔细观察他人而学到很多。你应当能够慎重地预先料到困难，并同样聪明地走出困难的处境。心地不可过于善良以至给他人机会来显示其用心之坏。你应当一半似毒蛇般狡黠，一半似鸽子般真诚，这并非魔鬼，而是具有特殊的智慧和才能的人。

242.使他人欠你人情债

一些人把自己的利益虚假地装饰为别人的利益：当他们实际接纳好处的时候，他们使其看上去如同在给予好处。一些人非常精明，分明是在请求他人，但让人觉得却是他们在给予他人荣耀和幸运。他们以让自己获得利益的办法来让他人产生荣耀感。他们处理事情的方式让其他的人感觉当别人给他们东西时是在偿还债务。他们异常聪慧，搅乱主人与客人的次序，使人大感不解，不清楚谁是施予恩惠的人，谁是接受恩惠的人。他们用低廉的赞美赚到最佳的东西；通过表示他们喜爱某件东西来给他人荣耀及讨好他人。他们以他人的谦虚来得到对某种东西的所有权。原本他们自己应当感到感激的东西，他们却使他人感觉受到了他们的恩惠。他们在Oblige（感谢、承蒙之意）这一单词上耍弄主动态或被动态的骗人手段，他们在政治上更有特长而非在语法上。这实在是极其奇妙的事情。然而假如你可以当场看穿其狡猾之处，制止他变被动为主动，使声誉归属于应当归属的人，使利益归属于应当获得的人，那便证明你才是更加精明之人。

243. 有的时候一个人一定要用不合常理的逻辑进行推理

能够做到这样才证明你的才能和见识非同一般。对从不反对你的人不可给予太高的评价。这表示他根本不爱你，而仅爱他自己。不可被恭维讨好所欺骗：不可酬报它，而应当抛弃它。把遭到批评视为一种荣耀，特别是被那些对好人无较高评价的人批评的时候。当你的言语和行为取得所有人的喜欢的时候，你应当感到难过：因为这表明你的那些言语和行为是不好的，需懂得完美无缺仅属于极少数人。

244. 不可对那些未向你寻求解释之人解释

就算有人要求解释或回答，过分迫切地给出解释或回答亦是愚钝的。在被人要求以前给出解释或回答是拖累你自己，正像在你身体健康的时候却弄伤自己让自己流血以导致生病。事先便给自己找借口易于引起原本未有的怀疑。谨慎之人面对别人的怀疑时会表现得镇定自若，不然就会自找苦吃。你应当以坚强、冷静、有理的姿态和人交往。

245.在探求知识方面不妨多学一些，在日常生活方面不妨节省一些

一些人则将这句话反过来说。适当的恬静安逸胜过不遂心意的工作。我们除了时间——孤独无助之人与流离失所之人的唯一归宿，再也没有什么可以称之为是自己的东西。生命是珍贵的，将生命用在单调乏味的事情上，或用在神秘莫测的事情上，同样是愚蠢的。不可被工作或者嫉妒之心所牵累。不然你就会浪费生命、扼杀精神。一些人把这个道理扩展到探求知识上来。然而话说回来，人如果什么都不知道，便不能存活下去。

246.勿沉迷于最新的事物

不适当的做法总容易走向极端。一些人仅信任他们所听见的最新的消息。他们的理智与欲念皆是由蜡制成的：不管怎样的最新的消息，皆会在他们的心灵上烙下印记，而将之前的所有全部抹去。这种人易于被争取，也易于失去。每一个人对他们的见解皆不同。他们是不可以信赖的、亲近的朋友，是永远不会长大的孩童。他们的判断与情感是易变的，其意志与分析决断的能力如同瘸腿的人一般，时而歪斜到这一边，时而歪斜到那一边。

247.不要当生命将要结束的时候才开始生活

一些人在最开始的时候什么事情也不做，之后再尽力做，直至精疲力竭。你应该先做那些最为重要的事情，以后若有时间的话，再处理那些不太重要的事情。一些人只想取得成功却不想努力。一些人先学会做至关重要的事情，而将那些可获得声誉及好处的事情推延到晚年才开始做。一些人刚开始有了一点钱财便自以为了不起了。不管是在探求知识方面，还是在生活方面，方法才是重要的。

248.什么时候应当反向推理

什么时候应当反向推理呢？就是当他人不怀好意地和我们交谈时。一些人将所有事物皆倒置过来：将"是"说成"否"，将"否"说成"是"。假如他们批评某件事情，便表示他们内心对这件事情的评价非常高。他们只是因为嫉妒这件事情并不是出于自己的手，便打算降低它在他人眼里的价值。并不是一切赞美皆是名副其实的。有人因不愿赞美好的事物，于是就赞美坏的。假如有人认为谁也不坏，那他事实上便是认为谁也不好。

249.善于使用为人之道

应该善于使用为人之道，仿佛没有神明之道；应该善于体会和观察神明之道，仿佛没有为人之道。一位大师①曾经这样劝导人们，对此应当

---

① 指的是耶稣会的创立者罗耀拉（saint Ignatius of Loyola, 1491—1556）。

在内心领会，但不用批评议论。

250.不要只为别人活着，也不要只为自己活着

这是有一点庸俗的专断强横。假如你想只为自己活着，便会想将所有东西皆占为己有。这样的人不懂得怎样付出哪怕是些许东西，或丢掉哪怕是些许舒服安逸的生活。他们从来不会讨得他人的喜欢。他们相信个人的财富，并因此而产生一种荒诞无稽的安全感。有的时候不妨顾及一下他人，其益处就在于他人亦会顾及你。如果担当公职，你必须做一个为公众服务的人。恰如一个老妇人对哈德良①所讲的：要么担当起这个重任，要么让出职位。但是一些人只为他人活着，因为若事情做得太过就会导致愚钝，他们甚至没有一小时是属于自己的，将自己全部献给了他人。在理解问题方面亦是如此。一些人对他人的事情没有什么不知道的，而对自己的事情却什么也不知道。假如你非常通达事理，便会知道人们请求你指教时是为了他们自身，而并非为了你。他们所关心的是你可以给他们做些什么事情。

251.勿将你的看法表示得过于明白

大部分人瞧不起他们可以理解的东西，而对不能理解的东西却往往非常尊崇。若想让什么东西获得重视，就要让它们难以获得。假如人们

---

① 哈德良(Hadrian, 76—138)：为罗马皇帝, 117—138年在位。

不能理解你的意思，便会对你产生比较高的评价。若想被人敬重，你就一定要显示出比同你交往的人所希望的更加睿智和慎重。不过要适度。睿智之人注重智力，然而大部分人注重身份和地位。让他们猜测你的意思，不要给他们责备你的机会。许多人说不清楚出于什么缘故而称颂他人。他们推崇一切隐藏的或神秘的事物，他们之所以称颂是由于他们听见他人在称颂。

252.勿对小的恶行或过失抱不在乎的态度

勿对小的恶行或过失抱不在乎的态度，因为它们从来不独行，而是接连不断地到来。幸福亦是这样。好运气与不好的运气一般是集中到福气多或灾祸多的地方。人们大多打算避开不好的运气，而去接近好运气。就连不懂情理的鸽子，也知道要飞向最白的鸽笼。不幸之人什么也没有：他既无自己、无理智，又无任何安慰。不要在熟睡时将其叫醒。不幸的事情刚开始的时候不会产生什么大的影响，然而随后最厉害、最严重的不幸便会到来。

253.知道怎样施予恩惠

每次施予一点儿恩惠，然而需时常施予。勿施予过多恩惠，否则会让人无法报答。施予过多相当于不施予，而成了销售。勿让他人的感激耗光。感激于受恩却不能酬报，他们就不会再和你往来。如果想失掉他们，你仅需使他们欠你许多就可以了。如果他们不打算归还，就会远离你，甚至将你当作敌人。雕像不想看到将他塑造出来的雕刻师，接受恩惠之人宁肯再也看不到施予他恩惠的人。千万要记住施予恩惠的深奥玄妙之处：只有急切想获得而又不昂贵的礼品方是接受之人喜爱的。

254.事先有准备才可以避免疏漏或祸患

应时刻准备好应付粗暴鲁莽之人、固执己见之人、贪慕虚荣之人和各种愚蠢之人。这样的人有很多，慎重的做法是一律躲开他们，你就不会遭到他们的攻击。事先多考虑一下，别让自己的声誉遭到一些粗俗事件的威胁。用慎重武装起来的人不会遭到愚蠢行为的损害。在人际关系这条航道上到处都是尖锐锋利的暗礁，你的声誉会因之全部丧失。最佳办法是走别的航行路线，思考一下聪慧的尤利西斯是如何做的，此时灵巧地避开就非常有作用。最紧要的是需慷慨大方、恭敬谦虚，这是脱离困难处境的最好的办法。

255.绝交时一定要慎重

绝交时一定要慎重，不然你的声誉就会受到损害。每个人皆有可能变成最厉害的敌人，然而并非所有人皆可以变成一个有益的朋友。能做好事的人非常少，然而几乎每个人都能做坏事。同甲虫的关系破裂后，鹰就算在朱庇特的怀中筑窝都会觉得到处存在着危险[①]。说话过于直接会惹恼一些表里不一的人，他们会伺机对你进行打击报复。你触犯的朋友

---

① 参看《伊索寓言》。

会变成你最难对付的敌人：他们喜欢自己的过错，却对你的过错不能忘怀。当他人见到我们与朋友各奔前程的时候，他们会任意地妄加评论，会批评这份友情开始时两人就合不来（说我们缺乏长远的目光），结果也不太好（说不应凑合这么长时间才分开）。当你认为一定要与某个人绝交时，需做到善始善终、符合情理，不可突然绝交，而应逐渐地减少情谊，此时有关怎样聪慧地抽身的箴言①就非常有帮助。

256.寻找帮助你共同承担自己的不幸的人

　　寻找帮助你共同承担自己的不幸的人，如此一来，你就不会孤单。就算在非常危险的情况下，你也不用被迫忍受别人的所有憎恨与厌恶。有人打算对所有的事情负责任，最后只会令所有的批评都朝他而来。因此，你应当寻找一个能够谅解你并乐意帮助你共同承担困难的人。两个人在一起，坏运气及参与暴乱的人皆不太敢轻率地来攻击。医生或许会诊断失误，他聪明的做法是询问别的医生能否帮助他抬棺材。这样，他们就共同承担了棺材的重量和悲伤。若自己独自承受不幸，不幸就会变得更加难以承受。

---

①参看第38条格言。

格言257~276

257. 勿执迷不悟

一些人执着于自己的过错而不知道纠正。做错了事情,他们觉得接着如此做下去才叫有韧性。他们在心灵深处责骂自己,然而在别人面前又给自己推脱责任。他们刚开始做愚蠢的事情的时候,人们认为他们仅是做事轻率;当他们接着如此做下去的时候,人们就会确信他们是傻瓜。一时的草率允诺与不正确的决断不应当永久地制约我们。一些人不纠正自己愚蠢的做法,仍然以他们短浅的见识处事,他们是想变成真正的傻子。

258. 学会如何去忘却

若说这需凭借技巧,还不如说需凭借运气。最应当忘却的事情常常是最易于记住的事情。记忆不仅表现得恶劣,因为在我们需要它的时候它从来不出现;并且它还非常愚蠢,因为它在不应当出现的时候却经常出现。记忆在会带给我们苦痛时总是频频到访,在会带给我们愉悦时却又十分漠然。有时应付麻烦的最佳办法是忘记那些麻烦,而我们却忘记了这个办法。我们应当训练记忆,使它能表现得中规中矩一些,因为它不仅能给我们带来天堂,也能给我们带来地狱。自己感到满足的人从来不在意这个——在愚蠢的无知里,他们始终非常愉快。

259. 好的东西在他人手中总是更好

好的东西在他人手中总是更好,这让我们可以更好地享用它。第一天，愉悦总是属于东西的主人，而在这以后，便属于别人了。当一件东西属于他人的时候，我们总是倍加喜爱它，因为不仅不用冒失掉它的危险，而且又有新鲜奇妙的快感。每件东西总是当被他人由我们手里夺去的时候方显得更好；就算是他人的自来水，对我们来讲亦会像仙酿的琼浆。如果东西属于我们自己，趣味就会骤降，苦恼就会徒增：借给他人还是不借给他人，这很伤脑筋。当它属于你时，你事实上是在替他人照管，从其中获得益处的大都是敌人，而不是朋友。

260.不论是什么时候皆不可马虎

有的时候运气爱搞恶作剧，你只要略微不注意，它便会逮住机会。智力、慎重、勇气，甚至知识，皆需做好准备，接受考察。自以为信心最大的时候会是最不可以信赖的时候。警觉性总是在你最需要它时没有了踪迹。"真的没有料到"这个想法将我们送到天上又丢到地上。细心窥探我们的那些人会利用这一计策，一面观察、探究我们，一面则趁我们丝毫没有戒备时动手。他们挑选的来考察我们的日子，常常恰是那些我们最没有料到的日子。

261.使那些依靠你的人遇到困难的处境

在特殊的时刻里，险境曾经让很多人变为真正的人：人在将要淹死时学会了游泳。许多人皆是在此时注意到了自己的价值及学识，而如果不是这样，这些皆会被埋藏在懦弱里。困难的处境让我们有机会获得声誉，而当一个道德高尚之人注意到他的声誉遭到了威胁时，其所能够做的事情比一千个人能够做的事情还要多。天主教的君主伊莎贝尔深谙这个道理（如同许多别的道理一般），而大船长哥伦布的声誉和别的很多人的流传于世的美名，皆应当归于这个特殊时刻的帮助。这种巧妙的办法曾经造就了很多伟大的人物。

262.做善事过犹不及

假如你从不发脾气的话，你就做人做得过头了。那些毫无感情之人不算是真正的人。他们那么做并非总是因为麻木，而一般是因为胆怯。在符合时宜的情形下表达强烈的感受，会让你变成一个真正的人。就连小鸟都会戏弄稻草人呢！一半甘甜一半苦是一种好的体味，因为单纯的甘甜是为孩童与傻瓜准备的。如果一个人麻木到了为当好人而丧失了自我的地步，那过错便大了。

263.温柔地说出动听的话语

箭将人的身体刺穿，无礼、中伤的话语将人的心刺穿。质量好的糖块可以使人口气清新。使你的话语被他人接纳需要巧妙的方法。许多事情皆是用话语来实现的，仅凭借话语便可使你脱离困难的处境。当人们自以为了不起或不切实际时，你可用不着边际的话语来应付他们。王者的话语非常具有说服力。让你的口中皆是甘甜的蜜，将你想说的话制作成连你的敌人亦会喜爱的糖块。被他人爱的唯一方法便是温柔且令人愉快。

264.愚蠢的人晚做的事情，聪慧的人会先去做

愚蠢的人与聪慧的人所做之事都是相同的，不同的是做事的时间。聪慧的人在适当的时候做，而愚蠢的人在不适当的时候做。假如你刚开始便将你的智力颠倒过来，那么你在做别的任何事情时也皆会颠倒过来做：应当戴在头上的却踩在脚下；左右颠倒，将左手当成右手使用。接纳事实仅有一个好的方法：接纳得越快就越好。不然，你原本能够愉悦地做完的事情就变成了被迫做的事情。聪慧的人会首先衡量什么事情应当先做，什么事情应当后做，之后心情愉悦地去做那些事情，并借此提升自己的声誉。

265.利用你新奇、特别的地方

只要你接连革新，人们便会尊敬你。新鲜奇妙的感觉会有无尽的变化，所以它可以让人愉快，并使人感到新鲜。与一个人们已经逐渐习惯的杰出人物相比，一个刚来的平庸之人可以得到更多的好评。杰出人物和平庸之人交往，用不了多久他们就会嫌弃故旧。请牢记，新鲜奇妙所带来的荣誉不会长久。数日之后，人们会丧失对你的尊敬，因此你需善加利用人们最初对你的尊敬，在它们逝去的时候，握住你可以握住的所有事物。一旦人们对新鲜奇妙事物的热情降低，激情便会逐渐冷却，愉快也就会变成愤怒。很显然，一切事物都有其时，最终都会灭亡。

266.勿谴责流行的事物

流行时尚既然能够得到众人的喜爱，就一定有其优点，人们自然喜爱它，不论这种情形多么难以解释。行为怪异总是使人厌恶；而一旦犯错，便变得荒唐可笑了。讥笑流行时尚，你便会受到别人的讥笑；并且因为你的孤高自许，人们不会再搭理你。假如你不懂怎样领略、玩味流行的事物，那就将你的愚笨隐藏起来，不可斥责一切，这是由于不好的体味常常源自缺乏知识。众口一词的东西如果不是事实，就是人们期望变成事实的东西。

267.假如你知道的不多，那么就坚持你觉得最有信心的东西

假如你知道的不多，那么就坚持你觉得最有信心的东西，人们或许不会觉得你聪慧，然而会觉得你不浮躁。清楚事物的真实情况的人可以去承受风险，并任由自己去想象；然而假如你什么也不知道就去承受风险的话，那你就是自寻死路。所有事情都按照规矩来办，因为经过尝试及检验的东西是可靠的。对于知道得不多的人来讲，这是最好的办法。不论怎么样，坚定地相信总比故意玩弄花样欺骗人要保险得多。

268.可以随意喊价格，然而礼节要谦逊

可以随意喊价格，然而礼节要谦逊，这样你会让别人认为有义务买你的东西。私心很重的人的索取不能和慷慨的人的给予相比。礼貌不

只是给予，它也是将你和别人连在一起的纽带。恭敬谦逊的言语和行为让我们觉得受到了恩惠。对于道德高尚之人来讲，没有什么比无偿得到的东西更贵重的了。你两次卖东西，然而价格不一样：一次是物品的价格，另一次则是礼品的价格。对于作恶多端的人来讲，恭敬谦逊的言语和行为如同噪声，这是因为他们听不懂有涵养的语言。

269.清楚与你相处的人的品性

清楚与你相处的人的品性，这样才可以知道他们的用意。知道原因，也就能预知结果；结果会告知我们其做事的动机是什么。忧伤的人仅看到不幸的事情；事事都喜爱否定的人则仅能看到过错。他们仅想到最不好的，却忽视了目前好的一面，所以将有可能存在的邪恶当作必然。被感情控制的人无法按照实际情况对待事物；这是由于情绪而非理性占领了他们的内心。每个人皆依照个人的情感或秉性表达见解，常常都离真理很远。你应当懂得怎样辨别分析人的表情，进而清楚地观察其内心深处的东西。请牢记：经常不停地笑的人是傻子；不随便说笑的人是表里不一之人。要对那些接连对你提出问题的人提高警觉。这是因为他们若非问得过多，便是故意找碴儿，然而又有顾忌。不可期望从面相不好的人那里获得益处。因为自然这样不给他们情面，故而他们经常为此对自然进行报复。容貌美丽的人往往也是愚钝的。

270.维持使人迷恋的美好姿态

这是一种充满睿智的魅力。你可以用魅力与恭敬谦虚的态度博得别人的喜欢和帮助；假如你无法得到别人的喜欢，那么只有高尚的品德是不够的。受到别人的称赞是使人信服的最好方式。假如人们发觉你有魅力，那么你就是非常幸运的，然而一定要有良好的教养相辅助。天生的禀赋加之良好的教养会产生最好的效果。魅力招引好感，并最终赢得广泛的欢迎。

271.你可以跟随别人的步伐走，然而要维持自尊

不可总是不苟言笑或怒气满腹，如此才能恭敬谦虚。为了获得人们的喜欢，你一定要在行为上做一些妥协。有的时候你可以随大流，然而不要因此丧失自尊。在公共场所被看作是个傻子的人，在私底下亦不会被看作是聪慧的。一次的玩笑所失去的会远远多于多年的认真所获得的。不可变成与大家合不来的人；行为古怪相当于嘲笑、戏弄别人。不可总是感到惊恐和过分敏感。应当理智时你却总是惊恐不已会令人耻笑。大丈夫最优秀的品质便是要如一个真正的大丈夫那样。

272.用自然与教养更新你的品性

人们经常讲，人的状况每7年发生一次变化，既然如此，你的品位亦应随之提高。在人生的第一个7年之后，我们拥有了理性。在此之后的每

个7年皆有新的改变。留意这一自然的变化，促进其发展，并期望他人也一样有所进步。很多人的举止、地位或职业发生了变化。起初自己并未意识到，直至发现变化是这么大时方明白过来，恰是这一道理。你20岁的时候好似孔雀，30岁的时候会像狮子，40岁的时候犹如骆驼，50岁的时候如同蛇精，60岁的时候似一条狗，70岁的时候像猴子，等到80岁的时候便什么都不是了。

273.展现你的才能

每个人皆会碰到展现自己才能的机会，需好好把握。无人可以每天皆成功。一些很有才能的人会将极小的才能也展现出来，让它变成自己身上的闪光点，而他们卓越的才能展现出来的时候能使人大吃一惊。当你不仅有才能而且知道如何展现的时候，结果肯定会令人吃惊。一些民族懂得如何向别人炫耀，西班牙人在这方面表现得最突出。世界一被创造出来，便有了光让其显现出来。展现出来方可使人满足，方可弥补不足之处，给事物以在公开场合展现的机会。当所展现的才能是立足于客观实际时，取得的成效便更大了。能力取决于人，完善与否则取决于上天。上天赐予我们完备的技艺，就是勉励我们将它展现出来。这么做需要巧妙的技能，展现最卓越的才能也依赖于环境，假如在不适宜的时候这么做便会完全收不到任何成效。我们也不应该故意做作，因为夸耀容易流于夸大，夸大则不免引起轻视。展现也应该用谦逊的态度表现出来，以防止流于庸俗。过度展现才能会受到智者的轻视，应当是不用言语，而以淡然的态度展现。机智的遮掩是获得称赞的最佳办法，这是由于人们对不清楚的东西怀有好奇心。不可一下子将你全部的本事都展现出来，要慢慢展现，且逐渐增加。取得一次光辉的胜利后再进行下一次，得到热烈的掌声后再期望更大的胜利。

274.不要故意引人注目

当他人留意到你故意这么做时，你的才能会变为欠缺之处，你也不免会被冷落，被贬为怪异的人。就算容貌过于美丽，也会损害你的声誉。美丽得炫目会使人不愉快，名声败坏到极点的怪异也会产生这种效果，且会更严重。一些人期望通过恶行来出名，千方百计地让自己声誉扫地。就算在议论知识时，议论得太多也不免会有炫耀的嫌疑。

275.勿回答和你的见解不一致的人

你先要弄明白他是炫耀聪慧还是只是庸俗而已。这样的行为并非总是出自坚持己见，有时则是一个狡诈的计策。因此需多加小心，不要被前者所纠缠，也不要被后者所欺骗。最应当防备的人是间谍。当有人握着一把能窥视你想法的万能钥匙的时候，你应当在脑子中保留一把慎重的钥匙，并将其插到钥匙孔的这一边以便保卫自己。

276.做一个心胸坦荡、言行正派之人

优良的品行消失不见了，人们不再懂得报答恩情，极少有人用应有的礼节接待他人。整个天下，最大的帮助仅获得最小的酬报。一些国家

的臣民皆不愿意好好对待他人。人们担心某些人背弃信用，担心另外一些人易变，担心有的人隐瞒真相。留心他人的不良举止，这并非为了效仿，而是为了避免自己受其危害。你的公正刚直会被他人自我毁灭的行为瞬间毁掉。然而，道德高尚之人并不会因为他人是什么样的人而忘掉自己应该做什么样的人。

图文资讯　拓展书籍内容，开阔阅读视野。

拓展视频　观看在线视频，激发阅读兴趣。

趣味测评　测评阅读习惯，获取阅读建议。

阅读分享　分享阅读心得，碰撞思维火花。

扫码进入　线上阅读空间

ONLINE READING SPACE

让知识照耀人生